尹伟伦 院士
学术思想研究

《尹伟伦院士学术思想研究》编委会 编

中国林业出版社

图书在版编目（CIP）数据

尹伟伦院士学术思想研究 /《尹伟伦院士学术思想研究》编委会编 . — 北京 : 中国林业出版社 , 2022.10

ISBN 978-7-5219-1844-1

Ⅰ . ①尹… Ⅱ . ①尹… Ⅲ . ①林业 – 研究 Ⅳ . ① S7

中国版本图书馆 CIP 数据核字（2022）第 158791 号

策划编辑：杜　娟　杨长峰
责任编辑：杜　娟　陈　惠　刘家玲
电　　话：（010）83143553

出版发行　中国林业出版社
　　　　　　（100009　北京市西城区刘海胡同 7 号）
书籍设计　北京美光设计制版有限公司
印　　刷　北京富诚彩色印刷有限公司
版　　次　2022 年 10 月第 1 版
印　　次　2022 年 10 月第 1 次印刷
开　　本　710mm×1000mm　1/16
印　　张　16
字　　数　324 千字
定　　价　98.00 元

出版说明

北京林业大学自1952年建校以来，已走过70年的辉煌历程。七十年栉风沐雨，砥砺奋进，学校始终与国家同呼吸、共命运，瞄准国家重大战略需求，全力支撑服务"国之大者"，始终牢记和践行为党育人、为国育才的初心使命，勇担"替河山装成锦绣、把国土绘成丹青"重任，描绘出一幅兴学报国、艰苦创业的绚丽画卷，为我国生态文明建设和林草事业高质量发展作出了卓越贡献。

先辈开启学脉，后辈初心不改。建校70年以来，北京林业大学先后为我国林草事业培养了20余万名优秀人才，其中包括以16名院士为杰出代表的大师级人物。他们具有坚定的理想信念，强烈的爱国情怀，理论功底深厚，专业知识扎实，善于发现科学问题并引领科学发展，勇于承担国家重大工程、重大科学任务，在我国林草事业发展的关键时间节点都发挥了重要作用，为实现我国林草科技重大创新、引领生态文明建设贡献了毕生心血。

为了全面、系统地总结以院士为代表的大师级人物的学术思想，把他们的科学思想、育人理念和创新技术记录下来、传承下去，为我国林草事业积累精神财富，为全面推动林草事业高质量发展提供有益借鉴，北京林业大学党委研究决定，在校庆70周年到来之际，成立《北京林业大学学术思想文库》编委会，组织编写体现我校学术思想内涵和特色的系列丛书，更好地传承大师的根和脉。

以习近平同志为核心的党中央以前所未有的力度抓生态文明建设，大力推进生态文明理论创新、实践创新、制度创新，创立了习近平生态文明思想，美丽中国建设迈出重大步伐，我国生态环境保护发生历史性、转折性、全局性变化。星光不负赶路人，江河眷顾奋楫者。站在新的历史方位上，以文库的形式出版学术思想著作，具有重大的理论现实意义和实践历史意义。大师即成就、大师即经验、大师即精神、大师即文化，大师是我校事业发展的宝贵财富，他们的成长历程反映了我校扎根中国大地办大学的发展轨迹，文库记载了他们从科研到管理、从思想到精神、从潜心治学到立德树人的生动案例。文库力求做到真实、客观、全面、生动地反映大师们的学术成就、科技成果、思想品格和育人理念，彰显大师学术思想精髓，有助于一代代林草人薪火相传。文库的出版对于培养林草人才、助推林草事业、铸造林草行业新的辉煌成就，将发挥"成就展示、铸魂育人、文化传承、学脉赓续"的良好效果。

文库是校史编撰重要组成部分，同时也是一个开放的学术平台，它将随着理论和实践的发展而不断丰富完善，增添新思想、新成员。它的出版必将大力弘扬"植绿报国"的北林精神，吸引更多的后辈热爱林草事业、投身林草事业、奉献林草事业，为建设扎根中国大地的世界一流林业大学接续奋斗，在实现第二个百年奋斗目标的伟大征程中作出更大贡献！

《北京林业大学学术思想文库》编委会

2022年9月

前　言

　　尹伟伦，中国工程院院士，长期从事林学、生物学、生态学等学科领域的教学和科学研究，在担任中国杨树委员会主席、国际杨树委员会执委，主持国际杨树大会期间发表了一系列科研成果，构建了他的学术科研思想；他主持林业高等学校的教育、教学、科研与学术管理长达17年之久，担任国际林业高等教育论坛主席等职务，形成了与时俱进的林业教育思想；他承担了中国工程院国家级林业、农业及城乡生态建设与保护的一系列战略咨询研究课题，勾勒出他的农林业发展战略的思考。他在上述工作的研究探索中形成有独特见解的思想体系，在国内外业界享有盛誉。

　　尹伟伦院士的学术思想、科研贡献、教育管理经验是中国林业界不可多得的宝贵财富。值此北京林业大学建校七十周年之际，为进一步系统总结尹伟伦院士学术思想，传承其学术精神，在北京林业大学党委的部署下，北京林业大学生物科学与技术学院组织成立了尹伟伦院士学术思想研究室，对尹伟伦院士的成长经历、学术思想和科研贡献进行了深入细致的研究，汇编成本书。本书共分为四章，具体如下。

　　第一章为传略。本章讲述尹伟伦院士从初中立志报效国家，到考入北京林学院林业专业；毕业分配到大兴安岭甘河林业局机修厂任钳工、技术员、工程师、车间主任等工作；1978年恢复研究生招生制度后考入北京林学院林学专业攻读研究生；毕业留校任教，到英国、比利时学习交流；历任北京林业大学副校长、校长等职务；2005年当选中国工程院院士的人生经历。尹伟伦院士的人生经历展示了他在林学、生物学与工科（工作中自学机械加工）的多学科兼融并蓄的知识结构，成就了他辉煌的学术人生。

　　第二章为林学、生物学的学术思想。本章汇集了尹伟伦院士致力于解决林业产业难题，不断推动我国林业科技进步的重要贡献。针对速生良种难开花结实，独辟蹊径提出解决树木良种园人工调控花芽分化理论技术思路，从前人的花芽与叶芽形态建成后的差异研究，转向生理发端研究，攻克了10余个树种人工促进开花结实，丰产良种难题；建立了通过应用光合性能指标，预测林木生长潜力的理论与技术；发明了植物活力测定仪，解决了判断苗木死活的难题，实现了苗木质量评价的新突破；提出了从水分代谢能力本质测定植物逆境胁迫生命致死点的概念，由此创建了植物抗逆能力定量评价理论与技术，研发了从生命活力筛选抗逆良种新技术；引进建立了同位素内标法，确立了花芽分化、株型矮化的调控物质，并精准测定植物生长发育调控的植物激素水平，实现了植物生长发育调控技术新突破。

第三章为林业教育的管理思想。本章回顾了尹伟伦院士在北京林业大学从教40余年，以及担任副校长、校长期间的办学思想。这期间正值学校办学规模数倍扩大，他推进了学校大众化教育进程；组建研究生院，提升研究生比例，助力学校由"教学型"向"教学研究型"转变；成立生物科学与技术学院、理学院、人文社会科学学院，倡导重基础、宽口径的专业建设；组建"理科基地班""梁希班"拔尖学生培养的育人模式，培养拔尖学生与拔尖师资两支队伍，并将精英教育融入大众化教育；提出"育人为本，创新为魂""学科要有学术，教授要有责任"的师资培育和助推学科建设的理念；以学校10余名院士的林业拔尖创新型人才培养模式获得了国家教学成果奖，带动学校人才培养规模和教育质量的"双提升"；让北京林业大学顺利跻身"211工程""985优势学科创新平台"重点建设高校之列，奠定了北京林业大学在全国林业大学中排头兵的地位。

第四章为农林业发展的战略思想。本章汇总了尹伟伦院士在国家林业发展战略、林业生物质能源、木本粮油、区域农林业可持续发展、南方低温雨雪冰冻及四川地震林业灾害恢复与防治、京津冀雾霾控制应对、国家标准化战略以及国家林业重大科技工程等方面的战略研究和建言献策，为国家和各级领导决策提供了参考，发挥了重要作用。

本书的编写得到了北京林业大学科技处、宣传部以及中国林业出版社等单位的大力支持，在此一并致谢！

时代造就大师。尹伟伦院士生于新中国成立前夕，成长于轰轰烈烈的建设祖国浪潮中。他少时便立志要"为国家和社会做点有意义的事"，始终将国之所需和民之所求作为奋斗的方向，躬身于热爱的事业，与新中国农林事业发展同向同行。虽术业不同，但古往今来，众多名家大师莫不是如此。谨以此书，向长期以来奋斗在国家建设一线，尤其是林业科研一线的老一辈科学家表示崇高敬意。也希望此书能激励更多青年人奋发努力，主动投身社会主义现代化建设，为实现中华民族的伟大复兴、为建设绿水青山的美丽中国贡献力量！

《尹伟伦院士学术思想研究》编委会
2022年9月

目　录

第三章　知行合一，树木树人

第四章　胸怀天下，行者无疆

图 录

上下求索，格物致知

图 1-1　精神矍铄的尹伟伦院士
（尹伟伦　供图）

　　尹伟伦，男，汉族，1945年9月生于天津，中国工程院院士，北京林业大学教授、原校长（图1-1），中国杨树委员会主席，全国生态保护与建设专家咨询委员会主任，中国人民政治协商会议第十一届、第十二届全国委员会委员。

　　1963年，尹伟伦考入北京林学院（现北京林业大学）林学系，站在了为林业事业不懈奋斗的起点。1968年，他毕业后，远赴大兴安岭牙克石管理局甘河林业局机修厂，十年间从技术员到车间主任，打下了扎实的工科基础。1978年，恢复研究生招生后，他考入北京林学院林学专业攻读硕士。1981年，毕业时留校任教。1988年7月，加入中国共产党。他先后在英国威尔士（Wales）大学（1985年）深造、比利时安特卫普（Antwerp）大学（1993年）合作科研，研究杨树内源激素的分离提取和杨树生理学，成为国内当时最先掌握了同位素内标法植物激素测定技术的学者。1993年，他被破格提拔为学校唯一的业务副校长，主管本科生及研究生教学、科研、实习林场、图书馆、"211"及"985"学科建设项目、高教研究工作等。2004年7月至2010年8月，任北京林业大学校长、研究生院院长。2005年12月，当选中国工程院院士。

　　在"2022中国高贡献学者"（首届）遴选中认定，尹伟伦位居中国农林类高校学者首位，荣膺"2022中国农林类大学贡献能力最强学者"美誉。

第一节

朝乾夕惕强本领，矢志求学志为坚

"一个人要想成功，首先要有志向和抱负，而且要不懈地为自己确定的目标而努力奋斗。"

少年的尹伟伦入学北京第三十五中学，这是一所男校，此时的他开始有了担当和责任的意识，想的就是为国家和社会做点有意义的事。随着年龄的增长，特别是进入高中后，他更加坚定地认为，抱负和志向是奔向成功的永恒动力，要在事业和学术上有所追求，奋发向上，砥砺前行。

1960年，凭着优异的学习成绩，尹伟伦升入北京师范大学第二附属中学就读（现为北京市示范性高级中学、教育部直属重点学校、北京市首批示范高中校）（图1-2、图1-3）。当时正赶上三年自然灾害，物质短缺的年代，他始终坚持学习，经常带着几个玉米饼就去上课，有机会就参加北京市物理竞赛、数学竞赛。他优秀的表现和成绩得到了学校老师的高度肯定。那个时候，数学家华罗庚每周日上午会在中山公园音乐堂讲课，学校选拔优秀学生凭票去听课。尹伟伦就是其中的"常客"，通常带着一张饼就去上课，感觉能获得新知识就很幸福。为了让自己获得更多的知识，他课余时间也不放松。寒假里，教学楼因能源短缺，太冷，尹伟伦就带着他的小板凳到学校的锅炉房走廊里学习，身上常年被煤灰沾染得黑黢黢的，他也不介意，只要能看书学习就行。他热爱阅读，借助附中在大学里的优势，参加了不少专家讲授的公共教学课程。北京师范大学图书馆是他常去的地方，他如饥似渴地涉猎了大量书籍，知识面得到很大拓展和丰富。

1963年，国家高考属于录取分配制度，但是高考可以根据志愿报理工类、农医类和文史类。北京师范大学对附中有接收保送生的名额，但喜欢农医类的尹伟伦，毅然选择考试，顺利进入北京林学院，开启了他一生林"学"探索之路（图1-4）。期间，国家出台了困难时期加强基础教学

图 1-2 1961 年，尹伟伦在北京留影（尹伟伦 供图）

图 1-3 1962 年，尹伟伦（右一）与同学在北京师范大学第二附属中学（尹伟伦 供图）

图 1-4 1963 年，尹伟伦在北京林学院就读（尹伟伦 供图）

的政策，北京林学院林学专业本科由四年制改为五年制，加强并拓宽了基础课，不但设有物理学、无机及胶体化学、有机化学、数理统计等基础课程，还开设了土壤学、造林学、气象学、树木学、植物病理学、植物遗传学等众多专业课程，为本科生拓展学习提供了难得的机会。当时，全校有本科生约300人，10个班左右。仅有的3个系中，林业系学生数基本占到了一半（图1-5）。

在尹伟伦看来，考入大学就是国家的人。国家对大学生很关爱，学校不收学费，生活还有国家给的补助，医疗免费。他感受到了当时并不富裕的国家对青年的全力培养（图1-6）。他下定决心，要学有所成，做对国家有用的人才，要对得起国家的培养。在我国林业这个相对落后的专业领域里，想作出成绩并不容易，需要付出更多心血和汗水才能筑牢根基、真正有所建树。他以老一代的林业大师汪振儒、范济洲以及当时的优秀年青学者沈国舫、王沙生、高荣孚等为榜样，不骄不躁，努力做到最好、最强（图1-7）。

有了坚定的信念，尹伟伦便抓紧一切时间学习。教育部当时提出"高教60条"，为加强高等教育质量，平均每门课80分以上才能写毕业论文，如果达不到就会失去做毕业论文的科研锻炼机会。这更坚定尹伟伦必须把握好学习机会、把学习作为重中之重的信念。大学一年级的第一学期，一共考了5门课。尹伟伦4门考了100分，引起了学校的高度关注。当时学校教务处管教学运行的王和平说："尹伟伦的成绩那就是一个好。"第二学期开学，学院就提出让他担任班长。

图 1-5　1968 年，北京林学院林 63-3 班毕业师生合影（后排左四为尹伟伦）
（尹伟伦 供图）

图 1-6　1966 年，大学时代的尹伟伦（左一）在天津留影（尹伟伦 供图）

图 1-7　尹伟伦与蒋湘宁教授（右一）看望导师王沙生先生（左二）及其夫人（左三）（尹伟伦 供图）

图 1-8　尹伟伦在大学时为校队队员（尹伟伦 供图）

　　一旦认定了目标，尹伟伦就心无旁骛地去做。学校校园里有个小广场，每到周日都会放电影，5分钱就可以买到一张电影票，好友经常想拉他一起去看，尹伟伦从来都没去看过。他说他的时间只愿意放在教室、图书馆和运动场。

　　尹伟伦深知，只有健康的体魄才能撑起奋斗的人生。他喜欢运动，在紧张的学习之余，他坚持参加学校体育运动队的每日训练，成了校排球队的主力（图1-8）。学校给校队学生都发运动服，上面写着"林院"，让每个队员都感受到为学校争光的自豪。青年时期的体育锻炼，为他持续奋斗的人生奠定了厚实的基础。

图 1-9　1968—1978 年，尹伟伦（左一）
在大兴安岭甘河林业局林业机械厂工作
（尹伟伦 供图）

图 1-10　1971 年，尹伟伦与姜志华女士（左一）结婚
（尹伟伦 供图）

　　1968年大学毕业时，尹伟伦也在思考自己的毕业去向。他的信念是：国家培养了我，祖国需要我去哪儿我就去哪工作。于是，"一颗红心、多种准备"的他响应国家"大学生到基层去、农村去、边疆去"的号召，奔赴了内蒙古的甘河林业局。1968年12月，他被分配到林业局机修厂工作。在这个位于祖国东北部的冰天雪地的基层岗位，他一干就是10年（图1-9）。他干过钳工、热处理、磨床、电镀、铸造等工种，从车间技术员干到了车间主任。在此过程中，尹伟伦主动开动脑筋，针对车间生产的技术难题，在干中学、学中干，进行了一系列技术革新，将大学所学知识与林业一线技术革新需求紧密结合起来。

　　他不断完善自己的知识结构，千方百计地自学工科知识。每次探亲回京，他都到北京钢铁学院（现北京科技大学）买不少教材，包括金属学、铸造学、切削学、制图学，努力将其运用到生产实践中。工科知识体系的实际运用，为他后来的多学科交叉开展科学研究奠定了基础。

　　尹伟伦设计了大兴安岭林场超过1000m²的双层铸造车间的厂房。他研发的电弧炼钢炉技术、负压喷油钨金融化机、钢水离心烧铸机等，都是他"干一行、爱一行、学一行、专一行"以及自主研发能力的见证。

　　当时的林业采伐，用的是苏联斯大林八〇拖拉机，像坦克一样，以履带工作，能把几十根木头一起运下山。但是这些拖拉机驱动轮磨损很快。由于当时国外卡我们脖子，停止供应，造成了林木采运困难、停产。尹伟伦就开始研发废驱动轮的铸钢融化重铸技术体系。这个过程需要氧化、出渣。因此，他设计了一个电弧炉炼钢，浇铸的集材拖拉机驱动轮重量都

图 1-11 1981 年，北京林学院 1978 届研究生毕业留影（后排右三为尹伟伦）（尹伟伦 供图）

是上百斤[1]。但是新的问题又来了，浇铸中铁水进去之后，水蒸气带来了很多气孔，这样的钢材承担不了驱动轮的强度需求。因此，尹伟伦研究发明了一种离心机，把上百斤的钢水在离心机里旋转浇铸，排掉气泡，极大提高了铸造质量和驱动轮强度，恢复了集材机械的正常运行，保障了生产。

1978 年，国家恢复研究生招生。那时尹伟伦已过而立之年，已经成家立业（图 1-10）。尹伟伦的本科老师，我国著名的种苗学家孙时轩先生了解尹伟伦的学识，就写信鼓励他报考研究生，并认为他有能力"金榜题名"。尹伟伦抓住宝贵的机会，以优异的成绩成为北京林学院返京复校后的第一批研究生（图 1-11）。再次跨入母校的大门，他格外珍惜学习机会，成为最早一批"蹭课达人"。受搬迁云南的影响，当时学校很多课开不出来，何况基础生物学领域学习，需要涉猎更多中国科学院和北京大学等单位的课程。当时恰逢中国科学院研究生院成立，有师资和科研技术的国际合作培训机会。他抓住机会，蹭了好几门完整的课，其中包括中国近代生物化学奠基人邹承鲁先生的酶学研究、汪德耀先生的细胞生物学，以及北京大学的生物化学课、色谱分析学、植物光合机理课等，内容非常前沿，给他留下了深刻的印象。

就这样，为了抢回失去的宝贵光阴，他争分夺秒、如饥似渴地学习，不仅在北京林学院学习，还在中国科学院研究生院及北京大学选课学习，在中国科学院遗传与发育研究所、植物研究所等地学习先进技术，开展科研

1　1 斤 =500g，下同。

实验工作，接受诸多名师教诲，吸吮着知识的营养，积蓄着腾飞的力量。

尹伟伦深知，多掌握一门语言就像多拥有了一把开启知识宝库的钥匙，在外语学习上，他格外刻苦。他原来学习俄语，读研时为了学习到欧美国家的先进理念和技术，他从零开始学英语，狠下功夫、埋头苦练，终于拥有了较高的英语听说读写能力。这也为他后来去欧洲学习访问，以及承担国际杨树委员会执委和国际林学高等教育大会主席等工作打下了良好的基础。

"在读研究生期间，我对尹老师的印象是两个'特别好'，一是学习成绩特别好，二是排球打得特别好。"尹伟伦的本科同学、研究生舍友翟明普教授回忆道，"他经常一整晚都在教室里上自习。大家早上起床的时候，他背着书包从自习室回来了，稍微休息一会儿、洗洗脸，继续和大家一起去上课。我问他困不困，他说他只要睡上一会儿脑子就又清醒了，我们都觉得他的神经系统非比寻常。"

尹伟伦在学习植物生理学时，自创了一个学习法。他立足将书先变"厚"再变"薄"，即深刻领会所有章节中繁杂理论的每一个细节，然后再精确提炼出精辟的核心思想，融会贯通为提纲挈领的精华知识网。他积极主动地学习消化国内外当时生理学的前沿知识，进行归纳分析，将其集中标注到一本教材中，并将其核心内容进行凝练，极大地提高了知识理解能力和学习效率。这也是他以后开展"一图一表"法教学的雏形。

1981年，尹伟伦毕业留校任教。他既教书又育人，"授之以鱼更授之以渔"，将"一图一表"学习法传授给他所教的学生。他不甘"在功劳簿上吃老本"，又跨出国门继续深造。短短几年，他不仅全面掌握了当时世界上最先进的植物激素分析技术，还在科研领域取得了可喜成绩。在第18届国际杨树会议上，他崭露头角，发表了3篇论文；在1996年海南海口召开的林业国家科技奖的答辩评审会上，他同时获得国家科学技术进步奖和国家科技发明奖，创立了同时获两项国家级科研成果奖的先例，引起了国内外同行的广泛关注。

尹伟伦常说，如果没有目标，就会丧失努力的勇气，就会萎靡不振。而一旦确定了目标，就应该孜孜不倦地朝着这个目标一步步走下去。永远把自己调整到最佳的状态上，就会永远有用不完的力量。

第二节

贤者乐林荫后世，学术之树硕果丰

"耐得住寂寞，不怕吃苦，是学术上有所发展的基本功。"

在寂寞中奋斗，在奋斗中崛起，在崛起中寻找新的奋斗目标，为了一个个新的目标继续承受寂寞——这就是尹伟伦在人生十年中写下的工作纪实。为了他挚爱的绿色事业，他以苦为乐，乐不知疲，乐在其中！

1985年，学校选拔优秀青年教师出国深造，尹伟伦成为首选。在时任校长沈国舫的支持下，尹伟伦通过学校的世界银行贷款项目申请到了去英国学习的机会，远渡重洋到英国威尔士大学进修。

当时邀请尹伟伦去做访问学者的是世界著名化学家、植物激素脱落酸的发现者威尔士大学的Worry教授。Worry认为化学研究手段和分析技术将会给生物学带来很大的帮助。他对尹伟伦说："威尔士大学能给你的是世界先进的化学分析技术。如何在生物学上应用，才是你作为生物学家的责任和学习重点。"这句话给了尹伟伦极大的启示。为了在最短时间内学到世界上最先进的技术，在访问学习期间，他从来没有休息日，每天都在实验室从早上研究到半夜。连实验室的保安都开玩笑说："尹博士，每天都有你在守护实验室，我们都不用上班了"。

尹伟伦将化学知识与植物生理学紧密结合，进行了多方面的学术创新。他研究了不同氮素水平对杨树叶片细胞分裂素的影响及多种细胞分裂素间的相互转化代谢途径，研究了杨树插穗在发芽阶段皮层多种激素的变化对生根的调节、杨树顶芽萌动期间多种内源激素的动态调节，以及杨树叶片和芽对乙烯的吸收作用。他掌握的利用气相色谱—质谱联用法对含量纳克级的植物激素进行分析，一度成为国内最先进的分析技术。这项技术在当时也就只有少数几个发达国家才能掌握。外国人偶然发现杨树中特有的一种新的细胞分裂素——杨树素，而尹伟伦却找到了相对稳定的测定方法。通过大量研究，得出了"氮素营养直接影响细胞分裂素的合成与代谢"的结论，在科学的前沿插上了中国科学家的鲜红旗帜。

出国留学的尹伟伦时刻想着回国报效。他带回来的植物技术同位素内标法是学校生物中心的核心支柱，也是学校在国内领先的重要标志。

1988年，北京林学会主办了世界杨树大会，当时尹伟伦任杨树委员会副秘书长。利用比利时关于杨树生长和大气二氧化碳变化的研究项目，1993年，他赴比利时安特卫普大学开展了为期半年的合作研究。这个项目的内容是将杨树种在有机玻璃大温室中，每天通过泵向里面输入大量二氧化碳，记录杨树碳吸收放氧的生长代谢变化，即林木对二氧化碳变化的影响研究。在研究过程中，他对生理生态知识有了更深的理解。

有过生产第一线工作经历的他，最清楚什么是自己的目标。生产实践中的难题，是他研究工作的新起点。他注重从应用基础研究入手，立足生物学和林学基础理论研究的优势，着力解决林业生产中急需破解的难题，填补完善了一项又一项学术空白。

尹伟伦擅长在林学、生物学和生态学等多学科交叉领域开展科研工作。这得益于他多年来通过主动学习积累的多学科交叉背景。利用在大兴安岭牙克石管理局甘河林业局汽修厂积累的工科知识，他发明了植物活力测定仪，首创鉴别苗木和根系死活的新技术，为造林壮苗质量把关，获得了国家发明奖和专利；创建林木抗旱、抗盐能力定量评价技术，为干旱地

图1-12 2006年1月，中国工程院院长徐匡迪（左）为尹伟伦颁发院士证书（中国工程院王元晶 摄）

图1-13 2006年，中国工程院春节院士联欢会颁发院士证书后尹伟伦（右）和夫人（左）合影（中国工程院王元晶 摄）

区植被恢复筛选抗逆良种，建立评价苗木质量的生理指标体系，从生命活力本质筛选壮苗；建立光合性能预测生长潜力技术，被"世界林业年鉴"评价为"卓越成就"；攻克林木速生良种难开花、结实少、不能丰产良种的世界难题，人工促进速生优株早花、丰产，极大缩短育种周期，填补了林木开花理论空白；建立了苗木、草坪生长化学调控技术，提出地上枝叶与地下根系双向调控诱导的原理，开辟了按植物生命需水程度的精准节水灌溉理论和技术，以及水资源可持续发展的新思路。

功夫不负苦心人。1996年，尹伟伦在国家科技奖评审会上，同时申报答辩的两个不同内容的科研成果，分别获得国家发明奖和科技进步奖。同时获得两项国家科技奖项，这在学术界也是不多见的。之后，他先后又获得多项国家科技成果奖以及近20项省部级科技成果奖，可谓成果丰硕。由于在工程科技方面取得的突出成就，2005年11月，时任北京林业大学校长的尹伟伦当选为中国工程院院士（图1-12、图1-13）。

"不要人夸颜色好，只留清气满乾坤。"他希望自己是一棵挺立在大地上的树，持续地在奋斗中吸吮营养，无论土壤肥沃抑或瘠薄，都拼着命将自己的根向更深处延伸，把宝贵的氧气和绿荫献给人间。

第三节

因材施教育桃李，春风化雨铸英才

"林木的生长周期长，一棵树长起来，需要好多年，做学问也是，既要持之以恒，又要耐得住寂寞。"

熟悉尹伟伦的人都会用"忙碌"这个词来形容他。但忙并不影响他对科研的严谨和对教学的用心。从课程教案到学生的硕士论文，再到课题申报，只要是成文的东西，他都一个字一个字地修改把关，一句话一句话反复斟酌，从不轻易放过一个错误。

尹伟伦常说，大学教育要给学生足够的自我发展空间，引导学生尽早参加科研活动，以培养创新能力和创新思维。在漫长的教学生涯和管理实践中，他总结出许多心得和体会。走出单纯传授知识的老路，他更注重对学生能力和学习方法的培养，不但告诉学生前辈们发现了什么、发明了什么，还要告诉他们前辈们发现、发明这些新东西时的思维方式。这更是培养创新人才的根基。

岁月留给他的，不仅是满园桃李。近45年的从教生涯，他培养出100多名研究生（图1-14）；发表论文300余篇，其中SCI收录论文100余篇；主编教材与著作12部；1993年起享受国务院特殊津贴；先后获得省部级和国家级有突出贡献的中青年专家、全国优秀科技工作者、全国模范教师、全国优秀教师等荣誉称号。他始终认为，自己的第一职务，就是人民教师；第一使命，就是教书育人。直到现在，尹伟伦已经77岁了，但他依然保持着超长的工作时间，从周一到周日，每天早上8点起床，晚上一两点通常还在办公，很多人都收到过他凌晨以后发送的邮件。

林业，在社会上不是热门行业。尤其是前些年，林业的社会地位不高，不少人看不起、不了解林业。许多林业学子在步入社会前很迷茫，不知道自己未来何去何从。对此，尹伟伦的回答是，既来之，则安之，则努力奋斗之。他认为，成功需要机遇、需要条件，但内因里锲而不舍的奋斗才是最重要的，也是先导的。他常以自己的亲身经历勉励学生，"行行出状元"，一棵树长到枝叶茂盛，尚需数年，一个人成长成才，也需奋斗，要苦练内功，为自己插上自立、自强的双翼。他说，他从不等着机遇降临，而是不断砥砺自己，当你足够优秀的时候，你自然会抓住机遇。

尹伟伦常把自己对人生经历的感悟传递给他的学子，期盼弟子们成就美满人生。他将自己的成长历程，以10年为单位，划分为若干阶段，他认为，人生每十年都是一道坎。人生的每个阶段，都要有对应的目标和追求，都不能虚度光阴、浑噩度日，要把生活活出"彩儿"。

10岁之前要"玩"好。他说，这个阶段，要尽量使孩童的天才、天分得到充分的发挥，启发智力，启迪智慧，启蒙人生。

图 1-14　尹伟伦与指导的研究生毕业合影（刘超 供图）

10岁到20岁要"学"好。要学好各种基础知识，为进入社会奠定基础。要能比较清楚地确立自己的人生目标，在知识的殿堂里徜徉，在人生的海洋中冲浪。

20岁到30岁要"干"好。这个阶段，人要走向成熟，更加坚定自己的人生目标和追求，把握好事业的方向，迈好走向社会的第一步，为事业之船鼓起风帆。还要有一位好的生活伴侣、志同道合的合作者，使自己的情感有幸福的归宿。

30岁到40岁要"管"好。不但要在事业上加油，还要把年轻的孩子培养好。孩子不但是家庭的未来，更是社会的未来和世界的未来。如果家庭的问题处理不好，孩子的教育出了问题，家庭的问题也不会轻松，还会影响到自己的事业和工作。

40岁到50岁要"做"好。各方面都应该走向成熟，作出大量的研究成果，在学术上拥有一席之地。这个阶段如果还在迷茫，还在"瞎撞"，就很难有所作为了。

50岁至60岁要"练"好。要锻炼好自己的身体。这是老年生活的基础。没有好的身体，即便是有后半生，生活的质量也不会高。

尹伟伦注重遵循规律、因材施教，他说，每个人的成长道路不尽相同。有的人进步得快些，但多数人的成长还是呈现一定规律的。要把握住每一个10年，争取在一个个10年中不断有新的跨越，竖起自己人生的一个个里程碑。

"仅仅有扎实的理论功底和坚实的学术基础，还是不够的。"他这样告诫学生。"林学研究是一个实用性很强的研究领域，必须和生产实践紧密结合，从林业生产实践中寻找自己的方向。"

第四节

知行合一奠根基，率先垂范苦亦乐

"机遇总青睐那些有准备的人，但这种准备，往往意味着奋斗，意味着吃各种各样的苦头。"

多年奋斗在林业科研教育事业一线，尹伟伦形成了自己的苦乐观。他深知，林业的科研不容易出成果。从事林业科学研究，不仅需要独到的学术思想，更要耐得住寂寞，还要不怕吃苦，付出心血。这也是他不急功近利，一步一个脚印踏实前行的原因。无论在多么困难的时期，甚至是拉家带口、30多岁还在读硕士时，他也不急不躁、一点一点积累，把踏踏实实做好每一件事情，作为自己的追求。

许多人都说，他的身上总是带着股"精气神儿"。这得益于他良好的心态。每做完一件事情，他都会感到满足、感到欣慰、感到又有了继续前进的动力。行走在追求事业的长征路上，他把奋斗当成动力，纵困难阻隔，纵失败降临，也乐在其中，无怨无悔（图1-15、图1-16）。

1993年，尹伟伦被任命为学校唯一的业务副校长，主管教学、科研、

图1-15　2019年，尹伟伦在四川大熊猫基地（尹伟伦 供图）

图1-16　2014年，尹伟伦在国家会议中心（刘超 供图）

图1-17　2003年，尹伟伦在北京林业大学（尹伟伦 供图）

图1-18　2006年，时任校长的尹伟伦（程堂仁 供图）

实习林场、图书馆、高教研究室等，同时又兼任研究生院院长、成人教育学院院长等职务，担任的职务多了，肩上的担子也更重了（图1-17）。2004年又被任命为校长。但他没有抱怨，扛下了沉重的担子，开启白天做管理工作，夜晚搞科研、指导研究生的模式。至2010年卸任校长，尹伟伦在副校长、校长岗位上任职17年（图1-18）。在岗期间，学校办学规模从2800名本科生、900名研究生，发展到12000名本科生、6000名研究生，研究生人数增长了85%，国务院学位委员会办公室批准学校成立了研究生院（属当时林口高校唯一）（图1-19），国家级学科从4个发展到9个，开创了全国林口唯一拥有的3个国家级工程中心和工程实验室及野外台站的学校。学校逐渐完成从"教学型"到"教学研究型"的转变，师资力量进一步壮大，本校的青年干部更多地成长到管理部门的骨干上来。

在国家中长期科技发展规划、国家林业战略研究、大兴安岭火烧迹地森林恢复、南方低温雨雪冰冻林业灾害、京津冀雾霾控制对策、国家公园建设、森林质量提升技术规程、国家减灾防灾对策研究及国家林业重大科技工程等多项林业生态建设重大工程和问题的论证中，尹伟伦也都发挥了重要作用（图1-20）。作为国际杨树委员会四任执行委员和中国林学会副理事长，尹伟伦积极主持和推动中国杨树委员会的工作和学术发展，为第18届和第23届国际杨树大会在北京召开作了大量的工作，并顺利当选第23届国际杨树大会主席（图1-21）。他还主编或参与编写了历次会议的《中国杨树国家报告》，提交给联合国粮食及农业组织（FAO），受到了广泛赞誉，为中国杨树事业发展和国际交流与合作作出了卓越的贡献。

"人和人相比，智力没有太大的差别，勤奋是第一位的。除此之外，还要审时度势，抓住关键问题。在学术上也是这样，没有好的切入点，就很难作出成果，就会走弯路。"

在默默耕耘、享受奋斗的同时，尹伟伦也不断调整着自己的学术方向，根据多年在科研和实践中积累形成的慧眼，他找到了自己的"准星"和"缺口"，用生物学基础理论研究的优势，着力解决林业生产中急需解

图 1-19　2000 年，北京林业大学研究生院成立，尹伟伦（前排中）任研究生院院长（贾黎明 供图）

图 1-20　2008 年，北京林业大学成立国家重大灾害事件应对防治次生灾害专家组，尹伟伦（右三）任组长（尹伟伦 供图）

图 1-21　2008 年，尹伟伦担任第 23 届国际杨树大会主席（尹伟伦 供图）

图1-22 2005年，尹伟伦当选中国工程院院士，学校汇总其学术精神、展示其学术风采（北京林业大学宣传部 供图）

决的问题。基础学科研究和应用学科难点问题的有机结合，成就了他科研的一个个目标，也给了他一张张走向成功的通行证（图1-22）。

如今，尹伟伦已是77岁，但仍笔耕不辍，奋斗不止，大家都默默地在心中对他致敬。他的精神总是那么振奋，胸膛挺得直直的，走起路来快步疾飞，显得十分有力。他的书柜里装满了各种书籍和资料，他的办公桌上总是有写不完的报告、看不完的材料，他总是行进在出差或参加会议的路上。于他而言，总有看不完的书、做不完的事，挑灯夜战，日夜兼程，奋斗不止，他依然是那个永远在奋斗的青年。

"尽己所能，追求做好每一件事，不断地积累，就能达到成功的彼岸。"他把这句话写入人生的奋斗历程，也浸润进无数林业学子的求学梦。

参考文献

贺庆棠, 尹伟伦, 庞薇. 林学专业本科人才素质培养与课程体系建设[J]. 北京林业大学学报, 1998, 20(S1): 27-30.

铁铮, 李士伟. 尹伟伦: 贤者乐林[J]. 教育与职业, 2006(19): 42-48.

铁铮, 刘超. 尹伟伦院士铭心教育路[J]. 生命世界, 2017(9): 88-93.

铁铮. "我就是一片绿叶": 记宝钢教育奖优秀教师特别奖获得者尹伟伦教授[J]. 中国林业, 1997(9): 11-12.

铁铮. 为了绿色而默默生长: 记植物生理学家尹伟伦教授[J]. 中国林业教育, 2001(3): 3-6.

铁铮. 尹伟伦: 贤者乐林[J]. 生态文化, 2006(4): 22-24.

铁铮. 孜孜不倦 探索创新[N]. 中国花卉报, 2006-01-21(001).

王碧涛, 桂振华, 王亚. 放飞绿色梦想的地方: 访北京林业大学校长尹伟伦[J]. 中国绿色画报, 2004(9): 84-87.

尹伟伦, 孟宪宇. 转变思想 更新观念 培养复合型人才[J]. 中国林业教育, 1999(5): 31-32.

尹伟伦, 赵兴存. 用生理指标评价苗木质量[J]. 甘肃林业科技, 1993(3): 55, 22.

尹伟伦. 植物生理课的教与学[J]. 中国林业教育, 1988(S1): 50-53.

尹伟伦.杨树顶芽过氧化物酶活性的季节变化与生长关系的研究[J]. 北京农业科学, 1983(1): 23-28.

张志国. 把脉森林, 绿色发展: 访十一届全国政协委员中国工程院院士尹伟伦[J]. 绿色中国, 2012(5): 17-19, 16.

郑彩霞, 尹伟伦. 21世纪林业科学技术发展对林科类本科人才素质的基本要求[J]. 中国林业教育, 1997(5): 10-11.

第二章

守正出新，天道酬勤

尹伟伦从本科学习、大兴安岭机修厂工作、攻读研究生、英国和比利时访问交流到当下，一直保持着对科学研究的敏感性，对实践问题的相关性和对科研领域的前瞻性，这为他成为我国林学—生物学交叉学科研究方向的引领者奠定了重要基础。

融合和创新是尹伟伦一直坚持的科研理念。尹伟伦将应用学科林学与基础学科生物学相互融合，并以解决林业科学问题和林业产业难题为目标出发，将相关基础理论的创新应用到解决产业难题中，不仅开创了新的研究思路，如从生理调控机理研究（生物学）入手，研发林木花器官发生技术、林木花卉生长发育调控及林木抗逆良种选育（林学），同时也将生物学、林学与农学、生态学、机械工程、信息学科交叉，提升跨学科交叉能力的同时，为创新研发仪器如植物活力测定仪、建立节水灌溉技术体系奠定了重要基础。

2022年5月11日，全国第三方大学评价研究机构艾瑞深校友会网（Cuaa.Net）正式发布"2022中国高贡献学者"榜单，中国农林类高校共有282名学者入选。其中，北京林业大学尹伟伦教授荣获5项奖励，教学学术贡献能力最强，位居中国农林类高校学者首位，荣膺"2022中国农林类大学贡献能力最强学者"美誉。

第一节

巧铸妙器，世界首创

尹伟伦发挥自身长期在生物学、林学、机械学等学科交叉领域教学研究的优势，将自己机械学技术融入林学和生物学的科研与仪器创新，开创研究手段，创新相关基础理论，研发新型仪器，解决林业科学问题和产业难题。他首创鉴别苗木和根系死活新技术，发明了植物活力测定仪，解决了植物死活无法判断的国际性难题，将植物活力测定技术与土壤墒情、网络技术结合，建立植物需水自动感控精准灌溉节水技术，解决了提高节水灌溉效率、缓解水资源供求矛盾的问题，提高了干旱地区苗木培育的水平，促进了生态林业工程的建设发展。

一、植物生命活力判断

长期以来，苗木质量等级划分及苗木死活鉴定困扰着国内外林学专家。在很长一段时间里，这两个难题只能凭借植物的外部形态，如株高、茎粗等的变化来解决。这种不涉及生命活力本质的鉴定方法，必然存在着连苗木的死活都判断不了的严重问题，尤其是常绿针叶树，即使是已死亡数周后，其茎叶等形态指标仍无明显的变化，从外观上不能反映植物活力状况。在工程建设中，常常会因将活力低下或死亡的苗木混入合格苗中，极大地影响了造林质量和林木生长潜力的发挥，造成造林工程的损失，甚至失败。

国内外林学专家早已认识到，苗木质量的评价必须更紧密地依靠其生理指标，但历经数十年的探索，也未找到评价苗木质量、反映苗木生命活力的可靠生理指标，更没有研究出利用生理指标对苗木活力进行检测的技术。

（一）苗木活力，生理判断

尹伟伦经过反复研究，从苗木水势、细胞膜透性、细胞内离子的外渗量、组织电生理等指标与苗木栽植成活率、苗木生长潜力的相关关系入手，认为受到胁迫后苗木质量下降的本质原因是根系失水造成根细胞水势下降，引起了细胞膜结构损伤、膜透性增加，导致生物电生理性能的改变，钾离子外渗、呼吸酶活性降低，以及造成冬态针叶树苗恢复温度后叶绿素荧光诱导恢复能力受阻。

据此，尹伟伦提出了可将苗木根系的水势、细胞膜透性、损伤率、根外渗液电导率、细胞离子外渗量，特别是须根钾离子外渗量等密切相关的生理指标，作为苗木质量评价的可靠指标的新观点（图2-1），并建立了可供室外和野外现场使用的根外渗电导法、钾离子外渗量法、膜损伤率测定法及水势测定法等一系列鉴别苗木死活以及评价苗木活力、预估栽植成活率和生长潜力的可靠新技术。

尹伟伦认为，膜损伤和膜离子通道是特定频率电波传递的离子基础，以此提出了利用特定频率电波定量测定干旱引起细胞膜损伤导致透性变化的技术。此技术可通过监测茎尖膜的通透能力，判断膜根系是否具有吸水生理功能，是早期检测造林苗是否成活的快速诊断技术。根据此技术，尹伟伦研制出了植物活力测定仪（图2-2），实现了从生命活力本质评价苗木质量的新突破，从根本上克服了"活人栽死树"的老大难问题。

（二）活力测定，国家发明

植物活力测定仪是国内外首次实现在野外简便、快速、可靠、无损伤检测苗木生命活力变化的理想仪器。它可以根据植物遭受不良环境的胁迫后细胞膜透性和膜结构损伤程度上的差异引起的植物电生理变化，来判断

图 2-1 2015 年，尹伟伦做苗木活力与抗逆的报告（尹伟伦 供图）

图 2-2 1995 年，尹伟伦研发的植物活力测定仪获国家实用新型专利

植物遭受水分胁迫、温度胁迫及病腐侵染而引起生命活力的下降程度，从而对苗木栽植成活率和生长潜力的发挥能力作出评估，能够更科学地测定与苗木活力本质相关的苗木导电能力，监测植物水分、离子在膜上的通透能力，反映根细胞是否具有吸收水分和保存控制离子能力的生理功能，从而判断苗木失水程度以及细胞膜损伤状况。它可以在早期预估苗木栽植成活率和生长潜力，以及判断形态指标无明显特征的早期病腐苗，从而淘汰低活力的劣质苗和病腐苗，对造林苗木进行质量把关，是提高造林苗木成活率和成活后速生丰产的有力保障。它还可对栽植后苗木成活情况和轻度病腐进行早期判断，以便争取农时，尽早补植和补救；测定植物在不同干旱、盐碱程度下的生命活力变化，从而定量确定其抗旱耐盐能力，作为田间作物灌溉的指示指标；对果实成熟度进行测定；等等。

植物活力测定仪于1992年通过部级鉴定。以沈国舫为首的专家组鉴定认为，尹伟伦的成果提出了苗木活力下降原因的新理论，是该领域的重大变革与创新，把我国苗木活力研究推向了国际先进水平。植物活力测定仪研制属国际首创，处于国际领先地位。尹伟伦建立的评价苗木质量生理指标体系，以及从生命力鉴别苗木死活、筛选壮苗技术，实现了从生命代谢活力本质鉴定苗木质量的突破，使造林成活率提高23%、林地生产力提高15%。牡丹江林业管理局在造林前对苗木进行死活鉴定和活力抽样检测，使造林成活率达到了98%以上。在当前加强生态环境建设的大背景下，这一成果具有巨大的潜在经济效益、生态效益和社会效益，节省了巨额造林补植苗木费和劳力费。1994年"评价苗木质量的生理指标研究及植物活力测定仪的研制"获林业部科学技术进步二等奖（图2-3），1995年"植物活力测定仪"获得了国家发明奖三等奖（图2-4）。

图 2-3 1994 年，"评价苗木质量的生理指标研究及植物活力测定仪的研制"获林业部科学技术进步二等奖

图 2-4 1995 年，"植物活力测定仪"获三等国家发明奖

二、植物精准节水灌溉

水是人类赖以生存的资源，到目前人类还未找到水资源的完美替代品。当前世界水资源短缺严重已经成为一个不争的事实，如何缓解水资源短缺问题已经是全人类必须共同面对的课题。我国是世界上13个贫水国家之一，人均水资源占有量仅为世界平均水平的1/4，且工农业争水、城乡争水等矛盾日益突出，水资源紧张日益成为限制国民经济发展的重要因素。我国有65%左右的水资源用于农林业灌溉，但生产效率极低，每1000kg水仅可生产0.8kg粮食，而反观发达国家，同样的水则可生产2kg以上，以色列甚至已达到2.32kg。

同时，我国农林业灌溉长期以来一直以人工漫灌方式为主，我国也是世界上现代灌溉技术应用水平最低的国家之一，以色列、德国、奥地利和塞浦路斯的现代灌溉技术应用面积占总灌溉面积的平均比例达61%以上。当前，我国现有的节水灌溉设备多由微喷灌用具改进，如雾化微喷头、安装配套的防滴器等，缺少对植物需水量的定量监测，不能实现按植物生长发育的需求进行定时定量精准灌溉，出现或不能"按需补水"，或一次性灌水过多的现象，使地表积水或地下渗漏，影响植物生长，造成水源浪费严重。同时，肥料（特别是氮肥）将随土壤中多余水分渗漏到地下水中，造成污染。目前，由于过量灌溉或雨量过多造成的氮肥渗漏已成为地下水污染的主要原因。

（一）生命需水，精准灌溉

综合我国人口众多、农业发展等实际国情，节约灌溉用水是最有潜力的节水方向。尹伟伦瞄准这一方向，率团队按照植物生命需水自动精准灌溉节水技术，建立起科学、定时、定量、自动化的喷灌智能控制系统，实现植物需水定量评估、墒情定量监控、精准节水自动化调控灌溉技术为一体的系列配套技术创新。其性能指标与国际先进产品相当，生产成本却远低于同类型国际产品。整套技术及设备全部拥有自主知识产权，获国家发明专利1项、实用新型专利2项。此技术最大程度地提高水分利用率和不同水分状况区域的最优配置，促进了节水灌溉产业技术的进步，对缓解我国农业、林业、园林及都市绿化水资源利用的紧张局面、提升与国外相应产业的竞争力等产生了巨大推动作用，间接缓解了我国严重缺水给国民经济发展带来的制约问题。

尹伟伦认为，节水的根本思路是精准灌溉，且必须按照植物生命代谢需水量进行自动灌溉，水够则自动停止。植物生命需水主要由两方面因素决定，一方面是植物的耐旱特性；另一方面是土壤含水量，即结合植物的需水状况和土壤含水量来控制灌溉系统的启动和停止，实现精准灌溉，达到灌溉的最大效益。

（二）精准节水，自动控制

尹伟伦研发的按植物需水信号精准调控的节水灌溉控制技术，主要由两大系统组成：一是由植物耐旱极限与土壤墒情实时监测构建植物需水信号的决策系统（图2-5），包括植物干旱胁迫致死点的判断技术，土壤水分状况的实时监测技术；二是灌溉的信号采集、存储、处理、传感及电磁阀开关的调控系统（图2-6），包括数据实时采集、存储技术，基于现场

图2-5 2007年，尹伟伦（左）与赵燕东在实验室指导搭建精准节水控制模型（夏新莉 供图）

图2-6 2008年，尹伟伦（左）与赵燕东检查自主研发的精准灌溉自动控制系统（夏新莉 供图）

总线及系统辨识的自动控制技术，数据无线传输技术，以及基于TingOS的控制软件开发。

第一个系统主要是指建立了保障植物生长和生活的最低需水量的检测技术。由于植物是否遭受水分胁迫是植物活力测定仪测量的一项重要指标，因此，植物活力测定仪可以通过监测植物细胞膜损伤程度和通透性的改变，来确定植物细胞水分和离子在不同干旱、盐碱胁迫下的状态变化。尹伟伦据此建立了当时国内外尚未实现的定量评价植物抗逆能力的新技术，并确定了一批植物材料的干旱致死点，找到了各种植物材料忍耐干旱胁迫的极限值。在此基础上，尹伟伦率领团队研究植物响应干旱的生理过程，研究不同植物在不同水分状态下的生理生化特征，探索植物维持生长发育的最佳水分状态和最低水分需求；研究植物生理含水量的实施、快速测量方法，对不同植物、不同含水率状况下的介电行为进行检验，精确确定最佳植物水分的测量技术参数；从而建立从生命活动的本质监测植物需水量技术，用于科学、准确、实时监测干旱过程中植物的需水动态规律。

第二个系统主要是指研发了先进的植物、土壤水分传感器，实现植物需水量监测和土壤墒情信号的综合分析，建立起自动化喷灌智能控制系统。

尹伟伦带领团队针对不同结构的植物水分传感器，通过物理定性分析加以构造，并借助泛函分析确定最优结构参数，设计植物水分传感器；研制开发高精度土壤湿度传感器，结合先进的网络技术，研制土壤墒情监控系统和土壤湿度网络传感器，建立起一种精度高、反应快、适合实时测量的土壤水分传感技术及信息采集传输技术，成功研制开发了BD-Ⅲ型植物水分传感器和BD-Ⅳ型土壤湿度传感器，实现了数据的无线传输，具有误差小（测量范围：0～50%L/L，测量精度：±2%L/L）、响应时间快、测量范围广的优点，性能指标达到了国际先进水平。

尹伟伦带领团队以植物的品种、木质容重为植物含水率模型输入，以植物含水率为输出，通过大量实验，在线系统辨识获取到的数据，建立描述两个变量之间耦合关系的数学模型；综合植物生理含水量及土壤湿度信息，运用模糊逻辑和人工神经网络理论获取植物生理需水量，建立基于地面无线网络的植物生理需水预测预报模型。实现了植物即时需水量和土壤即时墒情、大气因子信号的综合分析，在两者差距信号的调整基础上建立精准灌溉控制系统，完成科学、定时、定量、自动化喷灌系统的创制。最终建立植物需水自动感控的精准节水灌溉技术体系及配套设备，实现需水即灌、适量则停、生物自动调控、水分利用效率最大化的精准节水灌溉，实现不同水分状况区域的最优配置。

整套植物需水自动感控的精准节水灌溉技术体系及配套设备，包括BD-Ⅳ型土壤湿度传感器、BD-Ⅲ型植物水分传感器、精准节水灌溉控制器、精准节水灌溉无线通信控制器及精准节水灌溉无线通信控制软件等。其中，精准节水灌溉控制器、精准节水灌溉无线通信控制器及精准节水灌溉无线通信控制软件，是基于802.15.4协议的、无基础设施网的无线传感器自动组网，实现了网络的能源管理、定位及最佳路由的判断，以及土壤水分数据、灌溉状况信息的实施监测、无线传输及精准灌溉调控，为管理者提供了更加快捷、方便、友好的管理界面。整套精准节水灌溉设备，全部拥有自主知识产权，其性能指标与国际先进产品相当，且生产成本远低于国际产品。

（三）节水成果，奥运保障

尹伟伦团队依托此套技术及设备，在北京市昌平区小汤山和顺义区共青林场建立乔灌植物需水感控精准灌溉节水技术示范区，示范面积达400亩[1]以上，节水效率达20%以上；在黑龙江省齐齐哈尔市现代农业示范园（甘南县兴十四村）建立牧草（苜蓿）的植物需水感控精准灌溉节水技术示范区1200亩，节水效果显著。研究成果应用于2008年国家体育场（"鸟巢"）前的奥运民族大道草坪草精准节水灌溉控制工程中（图2-7、

图2-7　2008年，尹伟伦（中）在奥运民族大道对草坪草精准节水灌溉控制项目进行现场指导（夏新莉 供图）

图2-8　2010年，尹伟伦（右一）指导精准节水灌溉实施情况（夏新莉 供图）

1　1亩=1/15hm^2，下同。

图2-8），总面积120亩，达到了高效节水的目的，成为奥运保障工作中高科技产品的一大亮点，被奥运组委会认定为科技绿色奥运的标志成果，受到各级领导和施工方的好评（图2-9）。尹伟伦也多次被邀请介绍生物节水与精准节水灌溉技术（图2-10）。

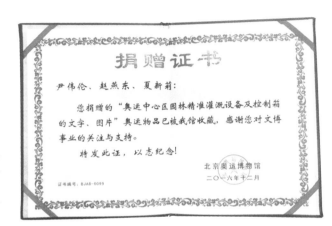

图 2-9 2016年，奥运中心区园林精准灌溉设备及控制箱项目被北京奥运博物馆收藏（赵燕东 供图）

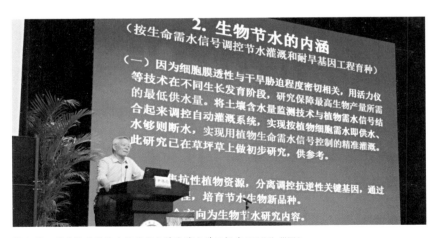

图 2-10 尹伟伦应邀做生物节水与精准节水灌溉报告（尹伟伦 供图）

第二节

调控育花，巧解难题

尹伟伦针对针叶树速生良种园良种开花迟、无良种生产力的国际难题，从生理调控机理研究探索入手，系统跟踪花发育全过程，研究花芽器官发生理论与技术，提出花芽生理发端期人工促进开花结实技术，促使叶芽向花芽转化，提早数十年开花、丰产良种，极大缩短育种周期。此外，尹伟伦攻克微型花卉繁育难题，建立了快速繁育生产技术体系，将田间大型名优花卉特色与矮型盆栽、案头观赏效果融合，建立名优花卉矮化分子、生理、细胞学调控机制与微型化生产技术，培育矮、精、美、特花卉观赏资源。尹伟伦的成果推广范围覆盖10余省（自治区、直辖市），赢得新的国内外市场，取得了数亿元的经济效益。"主要针叶树种种子园人工促进开花结实机理、技术与应用"和"名优花卉矮化分子、生理、细胞学调控机制与微型化生产技术"分别获得了2003年和2008年国家科学技术进步奖二等奖。

一、针叶树开花调控与良种丰产

杉木、柏木、落叶松等针叶树，是我国南北方的主要针叶造林树种，它们速生丰产、适应性强、树形美观，是很好的用材和观赏树种。针叶树种主要依靠种子繁殖，但由于其幼年期长（大量结实要在40年以上），且每年结实量少、种子发芽率低、种子质量极差等缺陷，种子供应成为最大障碍，严重影响着针叶树种的引种、栽培和推广。

学界在理论上对其生物学特性特别是花芽分化机理的研究匮乏，在生产上促进其开花结实的技术措施缺乏理论依据和指导，是导致这一情况的重要原因之一。过去的工作集中在胚胎发育和开花发育形态方面，但是有关球花发端、分化研究机理的研究未见报道。人们也采用过许多方法，但无论是化学方法还是物理方法（环割、绞缢等方式），效果均不明显，重现性差，并对树势和枝条的伸长生长造成显著影响。

事实上，国内外种子园都存在速生优株缺花少实无产量的难题，迫切需要促花结实，将速生性状遗传给造林良种，并缩短育种周期，以便为造林提供大批量的、具有速生优良遗传品质的良种。自20世纪50年代以来，国内外林学专家通过对种子园进行规划和设计，在土壤管理、病虫害防治等方面作了大量研究，来提高种子产量。同时也通过合理配置无性系或家系，扩大培育新品种，提高子代的遗传增益来提高种子品质。但经过近半个世纪的努力，仍未达到预期目的。

（一）花芽分化，生理发端

尹伟伦在观察分析针叶树开花结实习性、了解雌雄球花的分布规律的基础上，改变前人只研究花芽形态建成的思路，固定花芽和球果，从花形态建成前的生理发端入手，系统、全面地跟踪研究了水杉、落叶松、圆柏、侧柏等针叶树种的花芽分化机理、生理发端、花芽发育至育苗的全过程。

通过深入研究，尹伟伦发现水杉雌、雄球花芽和叶芽根据其着生位置、形态、大小及其性质有明显的区别。天然雌、雄花芽主要着生在当年生枝上，雄花芽多以对生的方式着生在顶芽下第1～3对腋生小枝上，常2～4穗呈总状花序或圆锥状花序；雄花序以分布在树冠中下部东面及南面为主，其他方向少，树冠的外缘多、内膛少，中下部多、顶部少。雌花芽单生，不形成花序，着生的部位主要是1年生枝顶芽下面的头3对腋芽，常形成雌球花芽；诱导形成的球花多数单生在1～3年生枝上；雌球花芽为混合芽。花芽在越冬前已分化完全，翌年2月中上旬日均温达10℃时，雌、雄花几乎同时开放；不同无性系雄球花间花期不但始花期不同，而且球花开放的迟早也不一致（图2-11、图2-12）。

此外，尹伟伦从解剖学角度，通过电镜监测了水杉叶芽、花芽形态建成全过程，准确判断并找出了其生理发端期。他发现，生理发端期是开花基因表达的启动点和关键期，要早于形态建成期。水杉雄球花芽分化较早，生理发端期集中在5月底至6月初，6月底4行孢子叶均已形成，3个小孢子囊着生在小孢子叶的下表面；经过孢原细胞、造孢细胞、花粉母细胞阶段，以单核花粉粒的形式越冬。雌球花的生理发端期集中在6月底至7月初，生长点最先分化出来的是叶芽原基，然后才是大孢子叶原基。7月底大孢子叶原基出现，刚形成的大孢子叶呈矩形，紧密地重叠在一起，倾斜向上。胚珠在大孢子叶腹面近轴处分化，9月底至10月初珠心和珠被分化完全。水杉花期较其他针叶树种早，每年2月中上旬雌、雄球花几乎同时

图 2-11　2003 年，尹伟伦（左）指导李博生博士研究水杉开花情况（尹伟伦 供图）

图 2-12　2003 年，尹伟伦（左）指导李博生博士水杉组培实验（尹伟伦 供图）

开放，从芽鳞松动到珠鳞全部张开一般需要6～8天，无性系授粉最适合期只有2～3天。处于授粉适期的雌球花向上弯曲，与芽鳞鞘垂直。无性系间花期有差异，早春的阴雨降温天气对传粉及胚珠、花粉的发育很不利，是造成水杉种子多瘪粒的主要原因之一。授粉后诱导形成的雌配子体所经历的游离核、细胞化、颈卵器及卵细胞形成等发育过程和天然的无区别；种子10月份成熟。生理发端条件的分析是研制人工促花剂最准确、可靠的依据。

在水杉研究的基础上，尹伟伦又系统研究了杉科、柏科、落叶松属的10余个树种的花芽和叶芽形态发生过程的解剖学及物候学，确定了针叶树叶芽及雌雄花芽形态发端的时间、位置、结构及形态差异，推断出各种芽生理发端期的准确时间，用以精确确定生理分析取样时间、促花时间、施药部位等。并在湖北省林木种苗管理站、北京西山实验林场进行了促进水杉花芽分化的研究，主要通过（化学、物理的）调控措施，改变杉木母树体内的营养循环，抑制其营养生长，促进其生殖生长，使叶芽转化为花芽，从而使母树提早开花结实。这些研究为后续的成花诱导奠定了理论基础，达到理论研究和应用研究较好的结合。

（二）促花调控，叶花转变

尹伟伦以探索花芽形态发端前的生理发端期调控开花基因表达的机理入手，首次在国内利用当时国际先进的气相色谱—质谱（GC-MS）联用同位素内标法，对成花与未成花株的叶芽、花芽生理发端的多种促花调控物质的分子结构和含量进行鉴别和测定，揭示了各针叶树种花芽生理发端期促花物质成分、含量变化及调控开花基因表达的作用机制，提出了花芽生理发端期多种激素调控开花的变化规律。他研究发现，较低水平的内源吲哚乙酸（IAA）、脱落酸（ABA）和较高水平的赤霉素（GA_{1+3}），有利于雄球花的发端；而在雌球花发端期，IAA、GA_{1+3}水平较高，ABA处于中等水平。6-苄基氨基嘌呤（6-BA）和ABA完全抑制了开花调节剂的诱导作用；绞缢能增强开花调节剂对雌雄球花的诱导，开花调节剂结合切根提高了每花枝雄球花数，萘乙酸（NAA）则降低了每花枝平均雌球花数。尹伟伦总结发现，速生优株过于旺盛的营养生长的调控机制，恰恰是抑制发育生理开花基因表达的机制，即过于旺盛的速生机理抑制了开花，造成速生个体开花迟、开花少、结实晚、结实少的现象，这就是良种种子园无良种产量的根本原因。

在此基础上，尹伟伦进一步研究建立了调控雌雄花性别比例的关键技术。雄球花诱导以5月中下旬至6月上旬处理效果最佳，雌花的最佳诱导时间则在6月底至7月；即5月施药使叶芽转为雄花，7月施药使叶芽转为雌花。诱导产生的雄花芽多为单生，散生在1~3年生枝上，诱导形成的花粉具有与天然花粉相当的活力；诱导形成的雌球花经过人工授粉，可以产生具有萌发能力的种子，种子最大萌发率可达18%，高于国家标准。依此理论，尹伟伦对比花芽生理发端期与叶芽发端期间的调控物质的差异和变化规律，首次研制出了针叶树种抑制生长、促进成花基因提早表达的促花剂配方，并探索出杉科、柏科等10多个树种的不同配方及最佳处理浓度、最佳处理方法和最佳处理时期，有效地调控花芽的生理发生和形态建成，实现了使叶芽原基向花芽转变的目的。

尹伟伦探索出人工促进叶芽向花芽转变的新技术，并首次采用了综合技术措施（物理、化学），应用于针叶树开花结实，选择不同时期施用促花剂（图2-13），使一株母树同时形成雄雌花，筛选出一套完整、可供生产应用的促进水杉开花结实的系列技术措施，极大地提前了速生良种开花结实的年龄，可以成功地诱导杉科、落叶松等良种种子园2~5年生的实生苗、嫁接苗即可人工促进开花结实，将水杉、落叶松实生苗、嫁接苗成花结实年龄提前到5年生，水杉良种处理后提前数十年开花结实；柏科良种1年生苗即可处理开花结实（图2-14）。"促花剂"经不同浓度、时间、地点及树龄的试验，均获得满意的效果，大面积生产应用采用$2×10^{-4}$浓度。尹伟伦团队首次对水杉应用人工授粉技术，便极大提高了种子发芽率（18.11%），超过国家一级种子标准（9%）1倍；首次面向种子园生产提供，根据种子市场供求行情调整喷药次数，实行对种子产量的调控，极大提高了良种种子园的产量和质量，实现盆栽种子园的先进育种技术集约、高效丰产，解决针叶树速生良种多年不结实的难题。

（三）人工促花，结实丰产

至此，尹伟伦提出"花芽分化生理发端期"是人工促进开花结实的最佳时期的理论，首例设计并形成了全程系统跟踪研究人工生理调控开花

图 2-13　自主研发的促花剂促进主要针叶树的开花效果（尹伟伦 供图）

图 2-14　2004 年，尹伟伦现场调研侧柏开花情况并指导学生喷施促花剂（尹伟伦 供图）

图 2-15　2007 年，尹伟伦（左一）与著名植物科学家栾升（左二）、李乐攻（左三）交流水杉生殖调控机理研究（夏新莉 供图）

基因、花芽分化、花芽形态建成、花粉活力、受精能力、种子发育、种子质量及苗木速生遗传品质评价等林木促花发育全过程的研究新思路；阐明了速生优株过于旺盛的营养生长会抑制开花基因启动表达的机理，揭示了杉科、柏科等10余个树种在花芽生理发端期中促进开花的多种物质调控规律（图2-15）；研制了多树种促花剂的配方，实现了叶芽向花芽转变的人工调控技术；建立了主要针叶树种盆栽种子园人工促进开花结实丰产技术，从根本上解决了杉、柏科等林木良种园良种开花迟、结实少，甚至几十年都不开花结实的良种生产难题，提前数年实现林木幼苗多开花、多结实的目标，极大地缩短林木育种周期，加速了良种世代更替速度，实现了有效稳定促花、提早丰产良种的理论和技术上的突破。尹伟伦针对难开花的针叶树种进行研究，使理论研究与解决生产实践难题相结合，研究紧密联系生产实践，在深入基础研究的同时，成功解决生产实践难题，促进造林良种化进程，提高林地生产潜力、生态效益。

尹伟伦的此项成果在国际会议发表后，引起国际学术界的普遍重视。受国际林业研究组织联盟（IUFRO）委托，北京林业大学承办了"林木发育控制和生物技术进展国际研讨会"，10多个国家的同行来华学习交流。人工促进开花结实技术广泛应用于北京、甘肃、河南、湖北、内蒙古等省（自治区、直辖市）的种子园（图2-16、图2-17），其良种育苗用于造林生产，极大地提高了造林地林木生产潜力，提高了林地生态效益，林地增产、增值，生态、社会、经济效益明显。据不完全统计，其直接经济效益每年500万元以上。如内蒙古乌尔旗汉林业局3年新增产值272.8万元，年增收节支394.8万元，3年新增利税302.4万元。特别值得提出的是，本成果将原来数十年才能开花杂交育种1次，改为2～5年就可杂交1次，使种子园提前几十年结籽，不仅良种丰产，而且极大地缩短林木育种周期，良种世代更替速度成倍增长，有效地促进了造林良种化的进程，产生的经济、生态、社会效益是难以估量的，而且给子孙后代留下了速生高质量林地，更将对我国林业发展和生态环境建设产生深远影响。人工促进兴安落叶松和水杉开花结实技术分别获得1999年内蒙古自治区科学技术进步奖三等奖和2000年北京市科学技术进步奖三等奖（图2-18、图2-19）。集成"主要针叶树种种子园人工促进开花结实机理、技术与应用"获得了2003年国家科学技术进步奖二等奖（图2-20、图2-21）。

图 2-16　2005 年，尹伟伦在新疆调研针叶树开花（尹伟伦 供图）

图 2-17　2016 年，尹伟伦在北京林业大学校园调研水杉开花（刘超 供图）

图 2-18　1999 年，兴安落叶松开花结实技术获内蒙古自治区科学技术进步奖三等奖

图 2-19　2000 年，水杉开花结实技术获北京市科学技术进步奖三等奖

图 2-20　2003 年，"主要针叶树种子园人工促进开花结实机理、技术与应用"获国家科学技术进步奖二等奖

图 2-21　2004 年 2 月，尹伟伦在人民大会堂领取 2003 年度国家科学技术进步奖证书（尹伟伦 供图）

二、花卉矮化调控与微型化生产

微型花卉是指株型比普通植株明显矮小的园林植物。随着世界人口的快速增长和城市化发展，楼宇文化、社交、商务、礼仪等活动频繁，绿化美化宜居环境等迫切需要小巧玲珑、新奇美特的微型花卉。花卉微型化、轻型化、多样化和高档化已成为世界花卉的增长点。花卉矮化、微型化生产原理和技术已成为研究者、生产者和经营者共同关注的重要问题。我国花卉以高、大、美闻名，竹、梅、菊、牡丹等传统名花更独具名贵特色，但难以盆栽和放置室内桌几之上。尹伟伦独辟蹊径，将田间大型名优花卉特色与矮型盆栽、案头观赏效果融合，以分子生物技术与生理调控技术等高新技术创造出微、矮、精、美、特花卉新造型，满足室内社交礼仪、传情达意等的新需要。

（一）花卉矮化，技术难题

尹伟伦从本科学习到研究生攻读期间一直秉持着科学研究要立足于创新、实用的初心，为我国的林业和花卉产业作出有实质的科学贡献。他在研究中发现，我国的花卉矮化机制与微型化生产原理和技术研究存在着5个主要问题：①缺乏花卉矮化和微型化生产理论。花卉微型化是植物分子生物学、生理学、育种学、花卉学等多学科交叉渗透的综合科学和技术，2007年国家林业局科技情报中心的查新报告表明，至2007年未见有关矮化机制和栽培原理的报道。②微型花卉资源缺乏系统研究和整理，家底不清，难以揭示矮化的共同机制和特征，难以进行资源的发掘和利用。③花卉微型化育种进展缓慢。遗传控制株型矮化是微型花卉培育的根本途径，但是缺乏亲本材料，杂交育种进展不大。④微型花卉繁育栽培难度大、质量差、成活率低，亟待提高。以传统的嫁接、分株等技术生产，如进口的微型月季，其株型欠佳，病虫感染严重，品质不稳，形不成高档花卉，缺乏国内外市场竞争优势。⑤微型花卉种类单一（主要是草花）。木本花卉主要有引进的微型月季和西洋杜鹃，其他花卉特别是中国传统名优花卉如牡丹、竹、梅花等大型花卉的矮化株型很少见到，急需丰富品种。

针对以上存在的问题，以突破科研理论和建立实用技术为目标，尹伟伦带领团队自1996年开始攻关，系统搜集了以木本花卉为主的矮化基因资源合计484种，包括牡丹、月季、竹子、菊花等株型相对矮小的栽培品种370个，燕山地区野生花卉114种，并建立了种质资源基因库，用于研究株型矮化的分子调控机制、育种、微型化培育原理和技术等研究。

（二）株型矮化，调控机理

尹伟伦发现了花卉株型矮化调控的关键生理调控机制。水分、营养、光合、植物激素、叶片氧化酶类（POD和SOD）、可溶性化合物（糖和蛋白质）参与调控植株矮化的原理。他指出植株矮化与体内的植物激素平衡相关，内源激素ABA增加，生长素（IAA）、赤霉素（GA）减少而调控植株矮化生长与分化，确立以GA为主的花芽分化调控物质。矮化剂等外源激素促使光合速率、气孔导度、蒸腾速率下降，而呼吸速率、过氧化物酶活性递增，表明植株矮化与植物干物质合成减少、有机物消耗增加有关。根据植物干旱胁迫下植株的生理生化反应，指出土壤水分调控植株矮化的一般规律：低光合、高呼吸、低蒸腾等光合、水分特征，且大量元素（氮、磷、钾、钙、镁）和微量元素（锰、铜、铁）营养代谢与植株生长和矮化调控有关，矮化的植物永久萎蔫系数与土壤含水量呈负相关关系，确定了调控植株矮化的最佳土壤含水量；以整株植物生长期根、茎、叶、花、果等器官的矿质营养，丰富了花卉矮化生理学知识，为其科学栽培管理提供理论依据。

尹伟伦建立起花卉矮化资源分子调控育种技术体系。他以随机扩增多态性（AFLP）分子标记、矮化紧密相关的生理指标等辅助选择矮化资源，使传统的选育技术集成现代分子生物学和生理技术，从自然资源遗传多样性中发现矮化资源亲缘关系和生理特征标记。通过随机扩增多态性（AFLP）分子标记辅助选择技术，分析掌握了矮化牡丹种质株型、地域间的遗传背景和亲缘关系，并对牡丹生长周期的23个生理指标与株型矮化的相关性进行了测试分析，发现5个正相关指标和4个负相关指标（$p<0.5$），为筛选矮化株型的花卉提供了遗传与生理生化标记特征，建立矮化资源筛选技术体系。之后，通过测定每株当年生长量后连年生长量，以生物统计学方法进一步筛选，获得矮化株型花卉资源33个，包括矮化牡丹（株高22～35cm）、月季（红色和黄色系）、观赏竹和野生花卉等，为微型花卉生产奠定了种质基础。

尹伟伦系统揭示了花卉矮化的分子调控机制，构建矮化分子育种技术平台。他带领团队分析矮化植株染色体核型、基因组成、外源矮化基因的整合表达功能，从园林树木中克隆获得DREB基因，发现植株矮化受DREB基因表达调控，从而证实了矮化基因的存在，并进一步明确矮化基因DREB的实时表达导致植株矮化（图2-22）；并阐明了其矮化调控机制：DREB基因矮化植株的作用与控制该基因表达的启动子有关，以组成型启

图2-22　2006年，尹伟伦在进行实验操作（程堂仁 供图）

动子CaMV35S（35S）重组基因的转化表达，将导致转基因的拟南芥、小麦、烟草、水稻、番茄等植株矮化；以诱导型启动子rd29A重组基因的转化表达，将不会显著导致转基因植株矮化。不同启动子和目的基因重组对转基因植株形态矮化的显著差异，成为设计和研制转基因矮化新品种的理论依据。在完成*DREB*基因克隆基础上，从澳大利亚生长的蒺藜苜蓿克隆获得植物株型矮化耐逆关键基因*MtDREB2A*和*MtDREB1CA*，利用该基因矮化和抗旱双重功能，成功建立了组成型启动子35S与*MtDREB*基因配合的表达载体，构建矮化分子育种技术平台，培育出既矮化又节水的转基因月季株系3个。

（三）微型生产，快繁栽培

在上述矮化机理研究的基础上，尹伟伦团队攻克了微型花卉繁育难题，建立了名优微型花卉快速繁育生产技术体系。团队通过研究培养基组成的关键问题，从细胞分化调控入手，突破牡丹组织培养分化率、生根率和成活率低的关键技术难题，建立了矮化牡丹组织培养快速繁育技术体系，牡丹组培苗田间移栽成活率从英国Harris报道的最高成活率27%提高到70%；首次创建了牡丹愈伤组织诱导培养、体细胞悬浮培养、体细胞成熟、不定胚诱导、不定胚萌发等一系列牡丹体细胞胚胎发生技术，首次获得了牡丹体细胞胚。该技术体系的创立标志着牡丹快速繁育技术深入到细胞水平，建立细胞培养新途径，为牡丹细胞水平育种和分子育种奠定了前提和必要条件。进一步通过研究牡丹不定根发生的细胞学和生物化学反应，揭示了植物激素调控根原基发生和生长发育的激素表达调控机制，突破传统繁殖材料和技术限制，建立了牡丹黄化嫩枝扦插繁育新技术，促进矮化牡丹种苗多途径规模化生产技术进步，为微型花卉产业发展提供种苗保证。此外，尹伟伦团队还攻克了黄色系月季难分化、难生根、难以再成活的组培技术难点，首次建立黄色月季工厂化育苗技术体系。

尹伟伦团队集成各种矮化技术，综合建立了大型花卉微型化栽培技术体系。①从调控节间细胞伸长入手，研究建立了通过生理测试选择矮化品种的生理指标体系，建立了牡丹、竹子、梅花、菊花等化学调控节间矮化的矮化剂配方、技术规程及施用方法，实现了高大型牡丹、观赏竹等花卉的微型化生产。②集合化学调控矮化与中间砧调控等，建立了梅花化控—中间砧嫁接耦合矮化生产技术，9年生株高仅为对照1/3。③突破牡丹肉质根肥大不能长期盆栽成活，更难以微型化的技术瓶颈，发明肉质主根须根化调控技术，将肉质根调控为发达侧根的须根系；同时解决地上矮化、地下须根化的双向矮化调控栽培技术，调整光合、水分、营养等栽培环境，实现综合调控的牡丹矮化轻质盆栽生产技术体系。④通过调整根系生理习性、改良基质和营养液，攻克旱生根系耐水湿性诱导难题，调节旱生根系耐水湿性，建立非水生植物的水生习性诱导技术与微型花卉水培生产技术。

（四）花卉矮化，技术集成

尹伟伦团队的研究从植物株型矮化基因表达、生理代谢反应、细胞形态改变（纵向生长抑制）等矮化分子调控机制，到与矮化紧密相关的光合、水分和营养等生理指标等花卉株型矮化调控的关键生理调控机制，实现了花卉调控栽培的理论创新；从发现并克隆矮化基因，建立化控技术、生理调控栽培技术、矮化中间砧技术、转基因技术4项调控株型矮化新技术，到建立矮化牡丹、月季组织培养生产技术、肉质根须根化技术、微型花卉水培技术的花卉微型化培育技术体系等，综合集成建立了田间大型名优花卉微型化生产技术体系，实现了植物株型矮化育种、繁育、栽培、生产等的技术新突破。其中，牡丹矮化基因表达机制和矮化生理生化机制的研究，矮化牡丹品种黄化嫩枝扦插技术、组织培养和无土栽培技术研究，以及月季矮化转*DREB2A*基因新品种培育，2007年经国家林业局科技情报中心文献查新分析，在国内外均未见相关报道，属国际上首次；黄色系微型月季工厂化快速育苗技术体系，以及化控矮化培育技术应用于矮化中间砧嫁接梅花方面属国内首次。

2005年3月18日，国家林业局科学技术司，在北京林业大学主持召开

图 2-23　2008 年，"名优花卉矮化分子、生理、细胞学调控机制与微型化生产技术"获国家科学技术进步奖二等奖

了"名优花卉矮化分子调控机制与微型化生产技术研究"成果鉴定会，尹伟伦团队的此项研究被国家林业局科学技术司鉴定为国家林业局科学技术成果。专家组一致认为，此项研究建立了我国名优花卉微型化生产理论和技术体系，填补了观赏植物领域尚无专门研究的空白，具有重大理论价值和生产价值；项目整体研究已达到同类研究国际先进水平，在牡丹组织培养和矮化分子育种方面居同类研究的国际领先水平。2008 年，"名优花卉矮化分子、生理、细胞学调控机制与微型化生产技术研究"获得了国家科学技术进步奖二等奖（图2-23）。

　　尹伟伦以新的视觉和栽培学理论突破微型花卉生产技术难题、建立微型化生产技术，融合田间高、大、美花卉特色和室内宜居绿化以及审美需求，将田间大型名优花卉特色与矮型盆栽、案头观赏效果融合，以小型化、轻型化和多样化的室内摆放和不同视觉需要，培育矮、精、美、特的花卉新造型和观赏资源，赢得新的国内外市场。这些技术成果，引导牡丹等大型花卉的生产方式从田间粗放型向集约精准型转变，增加了微型花卉产品的科技含量，已连续多年在生产中推广应用，产生了显著的社会效益、经济效益和生态效益。

第三节

丰产栽培，革新产业

尹伟伦善于从解决产业难题目标出发，研究相关基础理论的创新，构建解决产业难题的技术创新路线。他针对杨树人工林质量和生长量较低的问题，解决品种比较、合理灌溉和施肥、水分高效利用、林分空间结构优化等杨树丰产栽培工作中的难题，建立了光合性能预测生长潜力技术评价引种适应性的新技术，发现氮素营养参与激素合成和调控生长的新机制，揭示出人工林水分高效利用的合理灌溉范围，确立了杨树速生丰产林合理修枝强度的林分空间结构优化调控技术。

此外，尹伟伦围绕抗逆良种奇缺、生产力低的难题，解决干旱、盐碱、寒冷和瘠薄等自然环境恶劣地区生态林业工程建设的抗逆性植物材料问题，用自己建立的植物活力测定技术测定抗逆胁迫致死点，创立了高效准确地生理量化选育抗逆、速生良种的植物抗旱、抗盐能力的定量评价技术，解决了无法准确定量评价植物抗逆性的难题，实现抗逆良种筛选量化可靠，从自然界中选育出适宜三北地区干旱、高盐碱等不良生境的抗逆性良种52个，在三北地区造林200余万亩，为三北地区生态环境建设的恢复和改善提供了优良材料保障，发挥了巨大的生态效益、社会效益和经济效益。

一、杨树丰产栽培理论

杨树是世界上分布最广、生长速度最快的树种之一，是21世纪改善人类生存环境、满足人类生活需求最有潜力的树种之一，我国杨树人工林栽培面积居世界首位。20世纪80年代，由于木材、能源的短缺及对生物质能源的倡导利用，速生的杨树更加引人注目。国内外培育了不少优良栽培速生品种，在集约栽培条件下大幅度提高了生产力，对解决木材短缺问题起到了很大的作用。我国杨树栽植面积不断扩大，但中、低产林占多数，杨树用材的供应量还少，质量也不够高。我国的杨树生产具有很大的挖掘潜力。通过提高我国杨树丰产栽培技术水平，在解决国家木材短缺的问题上，杨树将能发挥出比现在大得多的、不可估量的作用（图2-24）。

尹伟伦在杨树丰产栽培研究上的普遍思想是：杨树的丰产栽培是应用技术，而生理是一切理论的基础；有了基础理论上的阐明，栽培技术才有科学上的依据；有了基础理论上的突破和完善，栽培技术才有可能创新和发展（图2-25）。他针对杨树人工林质量和生长量较低的问题，从解决品种比较、合理灌溉和施肥、水分高效利用、林分空间结构优化等产业难题出发，长期致力于杨树生长和光合作用潜力、氮素营养对内源细胞分裂

图 2-24　2007年，尹伟伦（左二）在河南濮阳考察杨树人工林（胡建军 供图）

图 2-25　2019年，尹伟伦参加第十一届全国杨树研讨会做"杨树栽培生理与杨柳树科技研究思路"报告（李金花 供图）

图 2-26　1993年，尹伟伦"光合性能预测生长潜力"研究被《世界林业年鉴》评价为"卓越成就"

素的影响、杨树人工林最优施肥模式、水分的高效利用及杨树修枝管理等方面的研究，研究相关基础理论的创新，构建解决产业难题的技术创新路线。他建立了光合性能预测生长潜力技术评价引种适应性的新技术；发现氮素营养参与激素合成和调控生长的新机制，探索栽培氮肥施用机理；从光合、水分利用效率、蒸腾耗水量角度探索杨树对土壤水分的生长和生理反应，揭示出人工林水分高效利用的合理灌溉范围；探索修枝影响杨树及林下间作作物的生长和光合、水分生理机制，确立了杨树速生丰产林合理修枝强度的林分空间结构优化调控技术。

（一）光合性能预测生长潜力

尹伟伦在参加"七五"攻关项目研究"杨树光合性能与生长潜力的关系"时，通过研究不同杨树品种生长差异与光合特性的关系，发现不同种类杨树苗木的生产差异十分显著，生物量与光合性能上的多方面指标（光合速率、相对光呼吸、光饱和点、叶片发育中光合能力的变化等）相关，同时还受到一些直接或间接与光合作用有关的形态因子（叶面积、放叶间隔期、节间长度、根系等）的综合影响。

尹伟伦将对苗木形态和光合性能的研究同其生长潜力联系起来，他认为在形态上，全株叶面积较大、叶片放叶间隔期和节间较长、根系发达、根分生角度适宜；在光合性能上，光饱和点高、净光合速率高、相对光呼吸低、叶片光合能力衰老缓慢等，都是对选育杨树速生类型有价值的生理指标；并发现了"净光合速率×全株总叶面积"和"光呼吸速率与总光合速率比值"是早期预测生长潜力、筛选速生良种的可靠生理指标。光呼吸速率与总光合速率（净光合速率+光呼吸速率）比值，即相对光呼吸，表示了光呼吸所消耗的二氧化碳与净光合所固定的二氧化碳量的比例；"净光合速率×全株总叶面积"，是依据全株总叶面积与生物量和高、径生长之间存在着极密切的正相关关系，且在干物质生产中的重要性明显地大于净光合速率的作用，综合了各类杨树在净光合速率和全株总叶面积两个方面上的差异对干物质生产的效果，而得出的综合性指标。这两个综合指标与生物量密切相关，其更加接近各种类杨树光合能力的实际情况。

以此，尹伟伦创立了光合性能预测生长潜力技术，即速生良种筛选技术，被《世界林业年鉴》（*The Forestry Chronicle*，1993年第69卷第1期）评价为："在杨树栽培生理工作中作出最卓越成就的，是尹伟伦利用光合速率、光呼吸速率对杨树生长潜力进行苗期早期预测，是较理想的综合指标。"（图2-26）此成果被多次引用，并推广到毛白杨（*Populus tomentosa*）、泡桐（*Paulownia fortune*）、油松（*Pinus tabuliformis*）等育种中（图2-28），赢得了广大业内专家的充分肯定，纳入1992年林业部科学技术进步一等奖"杨树丰产栽培生理研究"中，此项目也获得了1995年国家科学技术进步奖三等奖（图2-27）。并在此基础上建立了应用光合性能评价引种适应性的新技术，促进了白皮松（*Pinus bungeana*）、油松、华山松（*Pinus armandii*）等科学引种和扩大造林范围，效益显著，1991年获北京市科学技术进步奖三等奖（图2-29）。

（二）氮磷营养参与激素合成

1985—1986年，尹伟伦在英国威尔士大学（University of Wales）进修时，积极探索氮、磷营养代谢影响杨树林木、林分生长发育的机制。他应用国际先进的气相色谱—质谱联用同位素内标法定量技术，研究氮素营

图 2-27 "杨树丰产栽培生理研究"获 1995 年国家科学技术进步奖三等奖和 1992 年林业部科学技术进步一等奖

图 2-28 2005 年，尹伟伦利用 Li6400 光合仪测量针叶树光合速率（贾黎明 供图）

图 2-29 "北京山地华山松、樟子松、白皮松引种造林试验研究"获 1991 年北京市科学技术进步奖三等奖

养与杨树叶片中激素水平的关系，发现氮素添加可增加杨树中存在的多种细胞分裂素的含量，提出了在高氮条件下急剧增多的玉米素核苷酸是细胞分裂素代谢途径中的主要贮藏形态；提出了多种细胞分裂素相互转变代谢的途径：异戊烯基腺嘌呤在各种供氮水平下含量保持稳定，是细胞分裂素代谢的中间产物；揭示氮肥通过促进细胞分裂素合成而达到促进叶面积增长、提高光合能力、促进林木生长的新机制。尹伟伦发现的该项氮素营养参与激素合成和调控生长的新机制，丰富了氮肥代谢理论，使原认为氮仅参与蛋白质合成的理论得到了完善。1988年9月，尹伟伦在我国举办的第18届国际杨树大会上，做题为"Effect of nitrogen nutrition on endogenous cytokinins in leaves of *Populus nigra × Canadensis*"的报告，引起了国内外同行的关注，获得了优秀学术活动奖。此项氮素营养代谢新途径和栽培氮肥施用机理的研究成果，同样被纳入1995年国家科学技术进步奖三等奖"杨树丰产栽培生理研究"中。

尹伟伦研究发现，氮、磷元素的供应水平与植物的生长速度及其生长反映特征有密切的关系。他指出，氮、磷供给量可显著影响杨树苗木生长，其中氮肥有利于地上部分生物量积累，磷肥则有利于地下部分生物量积累。究其原因，氮、磷处理提前了苗木叶片净光合速率、蒸腾速率峰值出现的时间，降低了叶片的气孔导度，提高了日均水分利用效率。高氮处理显著提高了苗木的叶面积、叶绿素含量，而高磷处理提升了苗木叶片的净光合速率和PSII电子传递量子效率。86%生物量积累是由单株光合产量（净光合速率×叶面积）变化造成的，其中，叶面积变化作用强度达到82%，而净光合速率对生物量积累的单独作用未达显著水平。氮、磷施肥处理显著减少了杨树苗木的根系长度、根系表面积，而高氮处理降低幅度最大，影响了根系生物量的积累。

根据杨树苗木对氮、磷元素养分的需求量和需求时间，尹伟伦以林木生长节律及其与氮、磷养分供给的关系为根据，明确了杨树工业人工林的最优施肥模式：对3年生107杨来讲，初植密度为2m×3m模式下，秋季施肥时间在9月7日、春季施肥时间在6月13日、施氮量每株400g、施磷量每株350g为最优组合；初植密度为2m×6m模式下，在9月21日、6月13日施氮量每株200g、施磷量每株175g为最优组合。

尹伟伦积极探索苗木、草坪双向化学调控生长机制，提出了地上枝叶与地下根系双向调控诱导的原理，研制了抑制地上茎生长，同时促进地下根生长的反向调控技术，提高了根茎比，使苗木质量、抗寒抗旱能力、造林成活率和生长量极大提高。鉴定为国内领先，为大兴安岭植被恢复作出贡献。并在草坪上开展双向调控，抑制叶生长，同时促进分蘖量增加数倍和根系发达，极大提高节水抗旱能力，节省了修剪的人力物力，建立抗旱、节水、省工的林草管理新技术，在天津、内蒙古推广，为绿化和水资源的可持续利用提供了新技术。

（三）杨树栽培的高水分利用

尽管我国杨树人工林栽培面积居世界首位，但杨树高耗水的特点影响了其进一步推广的潜力，提高植物的水分利用效率（WUE）是杨树遗传改良的重要目标。尹伟伦认为，从生理和分子生物角度培育和筛选耐旱杨树品种和高水分利用效率品种是杨树育种的重要方向之一，也是缓解和充分利用三北地区有限水资源的有效途径。植物组织干物质的稳定碳同位素分辨率（$\Delta^{13}C$）不仅可以用来实时评价植株的瞬时水分利用效率，更重要的是，它提供了一种简单快捷的方法来测定植物的长期水分利用效率。尹伟伦团队的研究证实，干旱条件下杨树叶片$\Delta^{13}C$与水分利用效率呈显著正相关，它是间接评价同等水分条件下不同杨树无性系水分利用效率高低的可靠指标；并提出了相对水分利用效率（RWUE）的概念，为相对生物量与相对蒸腾速率的比值，可用以评价一组植株水分利用效率的相对高低。

尹伟伦采用气体交换法、生物量法和稳定碳同位素分辨率法测定评价了同一组杨树无性系的水分利用效率，指出大田条件下不同杨树无性系间RWUE、瞬时水分利用效率IWUE、$\Delta^{13}C$、光合作用、气孔行为均存在明显的差异；杨树叶、枝、干的$\Delta^{13}C$依次显著降低，对应的沿生长发育阶段不同时间尺度的WUE则依次明显增大。在充分供水条件下，$\Delta^{13}C$和RWUE相关性最好，但在胁迫处理下其相关性下降；枝$\Delta^{13}C$、树干的$\Delta^{13}C$和树高、胸径间有显著正线性相关，而叶$\Delta^{13}C$与生长的相关性不明显。因此，在水分充足的情况下，枝、干的$\Delta^{13}C$可作为评价不同杨树无性系整株水平长期水分利用效率，筛选高水分利用效率杨树品系的可靠指标，而且还有可能被用于预测和评价良好水分条件下杨树的生长潜力。

在研究杨树水分利用效率的基础上，尹伟伦提出了杨树人工林的林分灌溉技术。在土壤含水量为田间持水量42.1%～84.7%（土壤绝对含水量8.5%～17.1%）范围内，土壤含水量的提高极显著地促进了欧美杨107（*Populus × euramericana* 'Neva'）的高、胸径生长及生物量积累。其中在土壤含水量17.1%条件下，单株生物量及叶片的最大净光合速率和二氧化碳羧化效率最高。随着土壤含水量的降低，杨树叶片和单株水平上的蒸腾耗水量降低，同时苗木的生物量也相应降低。杨树只有在水分满足生理要求的条件下才能获得高产。不同的是，在土壤处于低含水量（8.5%）和高含水量（17.1%）时，欧美杨107叶片和植株的水分利用效率相对较低；土壤含水量达10.1%时，叶片水分利用效率最高；其他土壤水分处理的叶片和植株水分利用效率差异不显著。当土壤含水量高于11.4%时，土壤水分已经不是净光合速率的关键因子。维持最大净光合速率的土壤含水量为14.2%，而在10.1%～15.5%水分范围内水分利用效率比较高。因此，从光合性能、水分利用效率、蒸腾耗水量角度看，尹伟伦认为欧美杨107幼苗适宜的土壤水分范围为11.5%～15.5%。

（四）杨树人工林的修枝抚育

我国杨树速生丰产林在实际生产当中一直存在重营造轻管理的现象，缺乏科学有效的管理措施。修枝作为重要的后期管理抚育措施，能够培育大径级无节良材，有效地提高出材率。但21世纪初国内对修枝技术缺乏系统研究，未建立完善的修枝技术体系，存在修枝随意性和盲目性等问题。

尹伟伦针对杨树人工林质量和生长量较低的问题，研究修枝强度等技术参数对林木生长和干形以及林木生理生态特性的影响，探索符合杨树速生丰产林的合理修枝强度，建立适合我国北方杨树速生丰产林修枝抚育技术标准；使得修枝后既能改善林下生长环境，又同时改善杨树干形，提高出材率和木材质量，形成出材率和木材质量最大化的大径材和纤维材林分空间结构优化调控技术。

尹伟伦认为，杨树上部枝叶主要用于高生长和树冠中上部枝干的直径增长，这与获得的光照、温度、湿度等条件相关；下部枝叶虽然对下部直径的生长有利，但当树干接近郁闭后，由于接受光照较少，时间短，其光合效率已经大大降低，大部分光合产物用于呼吸等消耗，形成零增长或负增长效果，这也是林木采取修枝的原因之一。所以，在杨树幼龄阶段，适当去除严重影响主干生长的竞争枝是很有必要的。

尹伟伦研究发现，修枝后杨树不同冠层叶片的光合速率、蒸腾速率、气孔导度和瞬时水分利用效率均表现为上部＞中部＞下部。修枝抚育措施能够一定程度上提高树木叶片的光合能力，合成有机物质，促进树木的生长。修掉下部光合能力较差的消耗枝后，可使整株叶片能够得到相对充足的水分供应，剩余叶片的水分水势明显增加，能够保持更高的气孔开放程度，从而提高光合速率。修枝减少了林木的有效叶面积指数，促使整株林木的蒸腾总量降低（图2-30），适当修枝（修去下部1/3～1/2枝

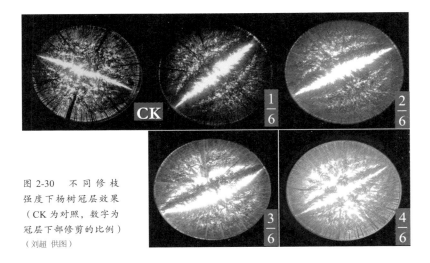

图 2-30　不同修枝强度下杨树冠层效果（CK 为对照，数字为冠层下部修剪的比例）
（刘超　供图）

条）使杨树树干液流始终保持在一定的较低水平，林木叶片的汲水能力和抗旱能力得到一定程度的提高，这对于干旱或缺水地区的林木栽培管理是有重要意义的。

尹伟伦认为，修枝对树高生长仅在修枝第一年具有一定促进作用，但影响较小；修枝在短期内（修枝后第一年和第二年）会减少林木的胸径生长率。修去冠长1/2在修枝当年和第二年均会促进材积生长，此强度为欧美杨107的最佳修枝强度，相反过度修枝则不利材积增长。此外，尹伟伦指出修枝有效促进树干中上部径生长，有效降低树干的尖削度，使得树干圆满通直，也极大地提高了木材的出材率。修枝能有效减少木材中死节的数量并减小活节的直径，因而修枝后能有效增加木材的抗弯强度与抗压强度，提高木材质量。

此外，尹伟伦研究指出，修枝能有效增加林下光合有效辐射39.7%～98.9%，并通过改变其他气候因子（林下气温及叶温、空气相对湿度、浅层土壤含水量等）增加了林下作物光合速率、蒸腾速率、气孔导度，从而对林下作物增产有显著的促进作用。修枝显著促进了林下小麦及玉米增高、增粗、增重，增加玉米穗数、小麦粒重和穗粒数，从而促使林下作物大幅增产；且增幅随着修枝强度的增加而增加，且越到作物生长后期修枝对作物生长的促进作用越明显。修枝对玉米生长、增产幅度的促进作用大于小麦，修枝对林下玉米生长的促进作用贯穿于整个玉米生长期；但林下间作的小麦产量降幅低于玉米，小麦比玉米更适合林下间作。

尹伟伦最终确立了符合杨树速生丰产林的合理修枝抚育技术标准。他认为当杨树林分郁闭后，可以进行适当的修枝，一般以中度修枝为宜，即修去树冠高度的1/3；如果立地条件较好，树木生长旺盛，也可修去冠高的1/2，但修枝高度一般以不超过8m为宜。修枝对杨树生长的促进作用主要在修枝后第一年较为明显，第二年效果减弱；因此，建议从树龄为5年时进行第一次修枝，2年后进行第二次修枝。同时，在保证林冠功能的前提下，修枝作为复合农林系统优化措施是可行的。为了保持农林复合系统的高效稳定，要充分考虑植物配置、种植密度以及包括修枝在内的抚育管理等因素。

（五）国际杨树大会4届执委

1988年9月，我国成功举办了第18届国际杨树大会。这也是尹伟伦第一次参加的国际杨树会议，他为此次会议在北京成功召开作了大量的前期准备工作。在此次会议上，他崭露头角，发表了3篇论文，作了专题报告，引起了国内外同行的关注，获得了优秀学术活动奖。此后，尹伟伦一直致力于杨树的丰产栽培理论研究。他从1997年担任中国林学会杨树委员会主任委员起，积极主持和推动了中国杨树的研究工作和学术发展（图2-31、图2-32）。

1998—2012年，尹伟伦连续担任了4届国际杨树大会执行委员会委

图2-31　1999年，尹伟伦（前排左七）在北京参加第六届全国杨树会议（李金花 供图）

员，代表我国连续5届主编《中国杨树国家报告》（1992—2008年），提交给联合国粮食及农业组织（FAO），在5届国际杨树大会上做学术交流的主报告，受到了广泛赞誉，为中国杨树事业发展和国际交流与合作作出了重大贡献，赢得良好国际声誉（图2-33～图2-38）。2007年2月，在意大利罗马举行的国际杨树执行委员会会议上，尹伟伦凭借出色的讲演和中国在杨树研究中取得的成就，给各国专家们留下深刻印象，得到了国际学术界的认可，为中国争取到了2008年第23届国际杨树大会的主办权。

第23届国际杨树大会主题为"杨树、柳树与人类生存"，2008年11月在中国北京召开，尹伟伦担任此次大会的执行主席（图2-36）。本届盛会受到了国际杨树专家的赞扬，被誉为国际杨树学术交流的高峰。国际杨树大会主席比索菲先生说："本届盛会创下了3个历史之最：参会专家的人

图2-32 2009年，尹伟伦（前排左七）在银川参加全国杨树第八次学术会议（李金花 供图）

图2-33 1996年，尹伟伦（左一）在匈牙利参加第20届国际杨树大会（李金花 供图）

图2-34 2000年，尹伟伦（右四）在美国参加第21届国际杨树大会（尹伟伦 供图）

图 2-35　2004 年，尹伟伦（左一）在智利参加第 22 届国际杨树大会（尹伟伦 供图）

图 2-36　2008 年，尹伟伦（右一）担任第 23 届国际杨树大会（北京）主席并做大会主报告（李香云 供图）

图 2-37　2016 年，尹伟伦（右二）在德国参加第 25 届国际杨树大会（刘超 供图）

图 2-38　2016 年，尹伟伦（左二）在德国第 25 届国际杨树大会与 Isebrands 教授（右一）交流（刘超 供图）

数最多；科学贡献最大；学术水平最高。"鉴于尹伟伦对国际杨树大会所做的贡献，国际杨树大会执行委员会分别于2008年第23届国际杨树会议和2012年第24届国际杨树会议上授予尹伟伦国际森林年纪念章和国际杨树大会纪念奖章。

二、林木抗逆定量评价

我国三北地区长期以来生态环境脆弱，植被覆盖率低，林分生物多样性低，生态系统不稳定，森林生产力低下。三北地区的植被恢复、生态环境治理，急需能够适应干旱、盐碱、瘠薄的立地条件，抗逆性强，生长迅速的乔灌木树种及品种，以逐步建立一个农林牧、多林种、多树种、乔灌草、多效益相结合的生态经济型三北防护林体系。

此外，我国森林生产力低下，林地单位面积木材蓄积量仅为国际先进水平的1/8～1/3（我国33m³/hm²、国际266m³/hm²），其根本原因是造林良种率不足30%，林木遗传品质低，不能速生丰产，生态效益也低下。因此，解决造林良种奇缺的难题，是提高林地生产力的关键。国内外林学专家自20世纪50年代以来，就开始筛选速生优株，集中组建良种种子园，以便为造林提供大批量的、具有速生优良遗传品质的良种。

尹伟伦带领团队围绕抗逆良种奇缺、生产力低的难题，致力于解决干旱、盐碱、寒冷和瘠薄等自然环境恶劣地区生态林业工程建设的抗逆性植物材料问题，在优良基因资源收集、树木抗逆性机理、植物抗逆性评价技术、抗逆性良种选育技术和良种园建设等方面开展研究，充分利用树木种内在生态适应能力上丰富的多层次遗传变异，用自主研发的植物活力测定技术测定抗逆胁迫致死点，创立了高效准确的生理量化、选育抗逆、速生良种的植物抗旱、抗盐能力的定量评价技术，解决了无法准确定量评价植物抗逆性的难题，使抗逆良种筛选量化可靠，为抗性良种选育、适地适树造林树种选择和育种子代测定提供了可靠的技术，并攻克转抗逆基因表达水平不能定量评价的难题，从自然界中选育出适宜三北地区干旱、高盐碱等不良生境的抗逆性良种52个，形成培育优质抗逆性植物材料的技术体系，在三北地区造林200余万亩，为三北地区生态环境建设的恢复和改善提供优良材料保障，发挥了巨大的生态效益、社会效益和经济效益。

（一）林木抗旱、抗盐性机理

尹伟伦认为，我国树种资源丰富，与传统育种和生物技术育种相比，利用自然界中存在的不同种源、家系、品系的种质，根据其多层次生态适应能力的遗传差异筛选抗旱、耐盐碱的良种，是最直接和见效最快的途径。多年来，人们对树木的抗旱、抗盐性的评价已有大量研究，但在过去的研究工作中，由于植物抗逆机理的复杂性，人们对试验树种抗旱、抗盐能力的评价，始终停留在凭借外观形态指标进行相对定性的描述，不能科学准确地量化评价树种的抗逆性。对植物抗逆能力的定量评价技术，是国内外抗逆育种工作中亟待解决的难题和关键。

尹伟伦首先认识到，科学研究和生产可持续发展需要收集抗逆良种遗传资源，建立抗逆性良种生产繁育基地。在树种选择和经济型良种选育成果基础上，团队广泛选择、收集了锦鸡儿属（*Caragana*）、柽柳属（*Tamarix*）、枸杞属（*Lycium*）、刺槐（*Robinia pseudoacacia*）、樟子松（*Pinus sylvestris* var. *mongolica*）、白榆（*Ulmus pumila*）等属、种的优良种、种源、家系和无性系（图2-39），共计315个；引进抗逆杨树、

图 2-39　2005 年，尹伟伦（左）与李昆调查南非黑荆树（尹伟伦 供图）

图 2-40　2003 年，尹伟伦在观察抗逆区域试验材料（程堂仁 供图）

美国黑核桃等18个抗逆性树种和品种；建立了国内第一个抗逆性良种园和对比试验园，形成了林木树种抗旱、抗盐的种质基因库。从自然界中多个树木属、种大规模广泛收集具优良抗逆性潜力的群体和个体材料，开展种间和种内抗逆性选育及评价技术研究是快速育种的捷径。

尹伟伦团队通过研究我国北方干旱半干旱地区不同逆境环境下植物生理生态适应机理（图2-40），发现灌木功能性状受环境因子的外在影响，同时也受到植物遗传因素等的内在调控；气候和土壤因素对灌木功能性状有显著的影响，但解释力总体不高，不是影响灌木性状变异的主要因子。灌木器官氮含量、叶片比、叶重在进化上比较保守，主要受物种谱系关系（反映进化亲缘关系）的影响，受环境变异的影响低；而磷含量、茎密度随环境变化的生理弹性大，进化保守性较弱，尤其是根、茎中磷含量易受土壤磷供应的影响。叶片净光合速率、光合氮利用率、根密度均受环境因子和物种谱系关系的共同作用。相对根、茎性状，灌木叶片在进化上具有较强的保守性，用以稳定和维持不同环境下植物碳收支的平衡，叶片性状变异及性状间关系主要受物种谱系关系的影响，受环境变化的作用较低。而灌木根、茎性状具有较大的变异性和不确定性，受物种谱系关系和环境变化的共同影响。

尹伟伦以抗逆性和生长指标差异显著的植物为研究对象，从植物活力、光合性能、叶绿素荧光动力学、膜脂过氧化作用，以及逆境胁迫最敏感器官根尖超弱发光和能荷水平等方面揭示了树木的逆境反应，表明干旱胁迫对树木伤害的首要原因是膜脂的过氧化作用。

此外，尹伟伦发现植物材料在遭受不同程度的盐碱胁迫后，根尖生物超弱发光程度减弱，得出不同植物材料的生物超弱发光对盐碱胁迫反应的感应灵敏度不同，可以用来评价植物根系耐盐碱能力的差异。尹伟伦提出并证实抗盐胡杨（*Populus euphratica*）能迅速感知土壤的盐胁迫并合成化学信号用于根冠通讯，证明了根冠通讯复合化学信号的存在，根冠信号传导的灵敏度是对树木抗性差异的评价。并从根冠通讯的角度揭示了不同耐旱性杨树适应水分逆境的机制，引起美国、英国、德国、澳大利亚、意大利等国家的学术关注。尹伟伦研究发现土壤水分亏缺和脱落酸（ABA）对多胺、乙烯生物合成具有显著影响，以及其与叶片衰老脱落的关系，揭示了干旱调控叶片衰老机制。这些结论丰富了树木抗逆生理理论。

（二）林木抗逆能力定量评价

不能准确定量评价植物的抗逆能力，始终是国内外筛选抗逆良种和干旱区造林树种选择工作中亟待解决的难题。尹伟伦根据干旱、盐碱胁迫引起植物细胞水分和离子状态的变化，导致细胞膜损伤程度和通透性改变的原理，自主研发了植物活力测定仪，获1995年国家发明奖三等奖。植物活力测定仪测定的苗木活力值能灵敏反映苗木根系细胞膜的损伤程度和细胞的水分状况，从而迅速、准确地反映不同土壤干旱、盐碱胁迫下所试树种苗木的根系吸水能力和根细胞膜损伤程度及生长、生理状况。苗木活力值被认为是从生命本质研究苗木生命状态的新手段，成为评价植物抗逆性的重要指标。

尹伟伦利用自己建立的植物活力测定技术，监测不同程度干旱、盐碱胁迫处理后的苗木活力、土壤水势及植物水势的变化，通过取消逆境恢复浇水后连续数天的苗木活力恢复能力的回升与否的变化程度，判断植物成活与死亡的分界点：致死点以后表现为苗木活力值基本不变或继续下降至零点，而致死点以前苗木活力迅速回升，从而准确迅速确定植物逆境胁迫后的致死临界点。致死点的土壤水势或盐碱度，即为植物耐旱、耐盐能力极限值，也就是抗旱、耐盐碱能力的定量评价指标。可以作为判断干旱地区植物能否度过此地区缺水极限点的理论依据，为各地区适地适树选择造林树种提供基本数据，以提高造林成活率。

苗木活力量化评价是对传统形态描述评价的变革，苗木活力可对抗性和生长同时作出综合评价，干旱胁迫下苗木的活力值与水势、光合速率、蒸腾速率、水分利用效率等多项生理生化指标密切相关，比土壤水势下降更敏感，能更灵敏、快速地反映苗木对水分胁迫的响应。此外，苗木活力回升速度是植物家系抗逆差异的理想评价指标，可对不同植物家系的抗逆性差异作出量化评价。植物的活力测定是综合反映抗旱能力多项生理机制的理想新技术。

尹伟伦在国内首次以树木抗逆性为目的开展专项研究，利用苗木活力指标对林木抗逆性定量评价，开创了从生命活力本质上研究抗性机理的新学术思路，以及定量评价抗逆能力、筛选抗逆良种的新技术，为干旱盐碱地造林对树种准确选择的量化提供科学依据（图2-41）。该项林木抗旱、抗盐能力定量评价技术，在揭示树木抗逆性机理和评价技术等方面有所突破，使抗逆良种筛选实现量化可靠，解决了19世纪末20世纪初国内外尚不能准确定量评价植物抗性能力差异的难题，特别是种内、家系间生物性差异较小，无法用传统的外观形态评价抗逆性差异，利用苗木活力测定仪确定其致死点更具有科学性和实用性，在技术上是对传统外观表型评价抗逆性的变革，达到国际领先水平。

此项成果对我国北方主要造林树种进行抗逆极限能力的测定，成为干旱地区造林树种选择的可靠依据，为我国三北干旱地区生态林业工程建设选育出生长量比乡土种提高15%以上的抗逆良种52个，收集315个优良抗

图2-41　三北地区防护林植物材料抗逆性选育及栽培推广

逆基因材料，在宁夏、吉林、北京等地建立抗逆良种园，并为转基因育种开发出抗逆基因资源，实现了对干旱地区优良种质资源的保存。选育的抗逆良种已在三北地区（宁夏、吉林、辽宁、山东、内蒙古、河北、天津）和环北京圈生态林业工程中推广应用（图2-41），为三北地区植被恢复提供数百万株抗逆良种，直接经济效益超1290万元，显著提高了造林保存率，有效地改善和提高了防护林体系的质量，对改善生态环境、促进经济和社会可持续发展起到重要作用（图2-42、图2-43）。林木抗旱机理及三北地区抗逆材料选育相关研究，获2001年北京市科学技术进步奖二等奖和2002年第四届中国林学会梁希奖（图2-44、图2-45），"三北地区防护林植物材料抗逆性选育及栽培技术研究"获2002年国家科学技术进步奖二等奖（图2-46、图2-47）。

此后，针对我国重点生态林建设区的干旱、盐碱、污染、水湿、干热等单一或综合不良生境因子和困难立地条件，为了解决造林树种单一、抗逆性能力有限和定向经济性状培育困难的问题，尹伟伦团队在"十一五""十二五"科技支撑课题"生态林抗逆植物材料筛选与快繁技术研究""逆境生态林树木种质优选与示范"和"高抗稳定植物材料优选技术与示范"等课题项目的支持下（图2-48～图2-51），以我国北方干旱半干旱地区不同逆境环境下抗旱植物为对象，分别在物种、种源、品种水平上，综合生长、生物量、光合特性、水分生理等指标，对林木苗期抗旱性进行早期诊断，建立了抗旱性定量评价指标体系；并采用不同立地区域多

图2-42　2011年，尹伟伦（左二）在科研基地检查指导工作（程堂仁 供图）

图2-43　2010年，尹伟伦（右三）科研团队在北京延庆考察龙庆峡荒滩生态治理（夏新莉 供图）

图 2-44 2001 年，"三北地区防护林植物材料抗逆性选育及栽培技术研究"获北京市科学技术进步奖二等奖

图 2-45 2002 年，"林木抗旱机理及三北地区抗逆良种园建立的研究"获第四届中国林学会梁希奖

图 2-46 2002 年，"三北地区防护林植物材料抗逆性选育及栽培技术研究"获国家科学技术进步奖二等奖

图 2-47 2003 年，尹伟伦与 2002 年国家科学技术进步奖证书合照（尹伟伦 供图）

点试验的方法，建立了高抗逆种质区域性适应性和抗旱稳定性评价技术，筛选出山桃（*Prunus davidiana*）（土左旗）、山杏（*Prunus sibirica*）（土左旗）、沙地榆（*Ulmus pumila* var. *sabulosa*）（正蓝旗、通辽）、驼绒藜（*Krascheninnikovia ceratoides*）（四子王旗）、北沙柳（*Salix psammophila*）（达旗、响沙湾）、沙木蓼（*Atraphaxis bracteata*）（沙坡头）、蒙古莸（*Caryopteris mongholica*）（吐鲁番）7 个强抗旱性物种的 9 个强抗旱性的种源。进一步以上述植物抗旱性评价为基础，将树木抗旱性生长、光合特性和水分生理指标、定向经济指标（纤维含量、纤维长度、

图 2-48 2008 年，尹伟伦（前排左三）在哈尔滨与抗逆植物材料团队成员讨论（夏新莉 供图）

图 2-49 2009 年，尹伟伦（左一）主持"十一五"科技支撑课题工作会议（夏新莉 供图）

图 2-50 2013 年，尹伟伦（左三）参加科技支撑课题中期研讨会（夏新莉 供图）

图 2-51 2013 年，尹伟伦（左）与曹福亮院士就抗逆性评价讨论交流（夏新莉 供图）

热值等）相结合，形成抗旱—定向经济性状评价综合体系，筛选出抗旱—定向经济用途的北沙柳、黄柳（*Salix gordejevii*）优良种源材料，为生物质能源基地和特殊用途经济林的建设提供理论和技术支撑。这些技术基础和研究成果，不但具有研究种质对象的特色，而且在树木抗旱性评价指标体系及树种选育上取得创新性进展，为实现抗逆性植物种质的可靠评价和高效选择提供了重要的技术基础（图2-52）。2018年10月，第四届世界人工林大会三北防护林平行会议在北京国家会议中心举行，尹伟伦做"三北工程建设的科学性"主题报告，向世界人民展现了三北工程40年绿色发展和科技成果（图2-53）。

2019年，在国家林业和草原局指导下，以北京林业大学为牵头单位，尹伟伦组织并联合国内从事干旱、盐碱、水湿、干热和土壤污染等逆境林木种质抗逆机理、良种筛选、繁育栽培、资源开发、品种示范、技术研发和技术服务的22家单位，共同组建了"林木抗逆材料选育与利用国家创新联盟"。目的是整合资源优势，建立由相关大学、科研机构、企业共同参与的优势技术研发团队和成果推广团队，运用基因工程手段和现代生物学技术选育多种逆境下高抗、稳定、多用的优良树木种质，形成具有自主知识产权的优良品种和新品种，同时促成相关大学、科研机构共同参与、有效分工，联合培养人才，促进科技产业化，形成优势互补、资源、技术和成果共享的利益共同体，为我国林木抗逆性林木材料选育的创新性发展和推广提供更有力的科技支撑，促进现代林业产业质量与生态效益的稳

图 2-52 2021 年，尹伟伦在高精尖中心国际会议上做林木抗逆育种相关主题报告（尹伟伦 供图）

图 2-53 2018 年，尹伟伦在世界人工林大会上做"三北工程建设的科学性"主题报告（尹伟伦 供图）

图 2-54 2019 年，"林木抗逆材料选育与利用国家创新联盟"成立大会，尹伟伦当选理事长（刘超 供图）

步提高。"林木抗逆材料选育与利用国家创新联盟"于2019年4月26日在北京成立并召开林木抗逆学术研讨会，尹伟伦担任联盟理事长（图2-54、图2-55）。

三、木本植物高效再生

灌木林是特殊森林群落，全国灌木林面积约4530万hm²，约占林业用地16%；在西部地区生态建设，特别是荒漠化防治中具突出的地位和作用。其中沙棘（*Hippophae rhamnoides*）、沙冬青（*Ammopiptanthus mongolicus*）等具有串根萌生能力强、自繁成林、固氮根瘤、果叶经济开发价值高等特点，是公认的水土保持、防沙治沙优良先锋灌木树种。我国2003年将干旱半干旱地区的灌木林地纳入森林覆盖率统计范围后，三北地区主要灌木的抗逆育种、栽培和保护等问题得到了广泛关注。但我国沙棘、沙冬青等灌木的育种、繁殖和栽培技术比较落后，远远满足不了我国西部生态环境建设的需要。黑杨无性系、北美红杉是世界上大径级速生用材树种和庭园观赏树种，它们都可以通过有性繁殖和无性繁殖的方式获

图2-55　2019年，"林木抗逆材料选育与利用国家创新联盟"成立大会参会成员合影（前排左七为尹伟伦）（刘超 供图）

得。无性繁殖，尤其是离体培养，可保持母本的优良性状，但都因一些限制因素，如增殖速度慢，成活率、繁殖系数、生根率以及移栽成活率普遍偏低，褐变现象严重等问题，达不到快速繁殖的目的，导致不能大量生产并获得优良种苗，难以适应市场上对其优良苗木的大面积需求。沙棘幼苗一旦生根，就会造成幼茎和幼叶生长受到明显抑制，表现为黄化枯死，最终成苗率很低，一般只有10%左右。北美红杉种子繁殖的后代分化较为严重；扦插繁殖的插穗基部容易愈伤化，导致插穗的生根能力大幅度下降；而组织培养芽的增殖系数和植株移栽成活率都普遍偏低（35%），以上措施在生产中的应用十分有限。所以，寻找合适的繁殖途径，大量繁殖优良苗木是主要的任务之一。

尹伟伦针对木本植物增殖速度慢和生根率、成活率低下的问题，通过茎尖离体快速繁殖和体细胞胚胎再生技术，建立了沙棘（*Hippophae rhamnoides*）、北美红杉（*Sequoia sempervirens*）、黑杨无性系、沙冬青等植物的体细胞胚及组织培养再生体系，为种苗的快速繁殖推广提供技术支撑；并探讨了淀粉粒和蛋白质在体胚发生过程中的动态变化，揭示了细胞分化、发育、形态发生与合子胚发育等理论问题。

（一）无性系高频再生体系

尹伟伦团队利用生物技术手段成功地建立了北美杂交杨的叶片、叶柄、茎段的再生系统。采用两步法诱导北美杂交杨DN270的优质茎段：第一步，在一定细胞分裂素浓度下，在最佳诱导培养基"1/2MS+6-BA 0.8 mg/L+琼脂6.5g/L+糖30g/L"上诱导出大量不定芽芽点；第二步，在最佳诱导伸长培养基"1/2MS+6-BA0.35mg/L+IBA（吲哚丁酸）0.1mg/L+GA3 0.5mg/L+琼脂6.5g/L+糖30g/L"上，诱导产生的不定芽有效的发育伸长成新梢，新梢在伸长培养基上生长成正常的小苗。试管苗在最佳生根培养基"MS+IBA0.2mg/L+琼脂6.5g/L+糖20g/L"生长10天后，平均生根率为93.33%，苗木生长健壮，且移栽成活率达90%以上。建立了欧美黑杨DN270茎段（或茎尖）和叶片的高效、快速、稳定的离体组织培养再生体系。

之后，又以沙冬青（*Ammopiptanthus mongolicus*）幼嫩子叶节为外植体，不通过愈伤组织而直接诱导分化出丛生芽，再用二步生根法生根和驯化移栽进行快速繁殖。发现TDZ（噻苯隆）和温度是影响丛生芽分化的极显著因子，在28℃，使用培养基"MS+TDZ0.05mg/L+IAA0.1mg/L"，丛生芽的诱导效果最好,无玻璃化现象；二步生根法生根诱导生根的时间是显著因子，1/2MS+IAA1.0mg/L的培养基中诱导生根9天后转入无激素的1/2MS培养基中，得根为实根、无愈伤组织，生根率达95%；试管苗移栽成活率为70%。

（二）体细胞胚胎诱导发生

体细胞胚胎发生作为植物组织培养繁殖方式之一，具有良好的遗传稳定性、分化简单、能快速再生成完整植株等特性，是多数植物最理想的转化受体系统。此外，胚性细胞的生长和胚胎发生能力，结合超低温保存技术，可以为农林业种业长期保存优良种质和无性系，有利于大量获得使用性状均一、遗传性优良的体细胞胚苗，因此受到越来越多的重视。

尹伟伦认识到，体细胞胚胎发生体系，是促进离体快速繁殖、实现田间和温室栽培的重要途径，他将这种繁殖方式应用到沙棘、北美红杉等林木种苗繁殖及相关研究中，从外植体选材、体细胞胚胎发生途径、激素种类及基本培养基应用等方面进行了不同于前人的研究，阐明了淀粉粒和蛋白质在北美红杉体胚发生过程中的动态变化，建立了体细胞胚胎发生体系，为进一步开展抗逆基因转导、定向培育林木良种打下了良好基础，意义深远。

尹伟伦利用正交试验法优化了中国沙棘茎尖的增殖和生根，有效建立起中国沙棘（*Hippophae rhamnoides* subsp. *sinensis*）的茎尖离体快繁体系，确认适合诱导中国沙棘茎尖继代增殖的最适培养基为"WPM+BA0.5mg/L+白砂糖30g/L+琼脂粉6.5g/L"，培养40天后，平均株分化芽数和平均株高度分别达到了5.72cm和6.48cm；最佳生根培养基为"1/4SH+IBA（0.2~0.5）mg/L+NAA 0.1mg/L+AC（活性炭）（0.5~1.0）g/L+白砂糖15g/L+琼脂粉7.0g/L"，40天后生根率、平均根数、平均根长分别达到83.0%~92.4%、4.05~6.28条、3.42~4.69cm。将茎尖离体快繁生根后的小苗经炼苗和消毒预处理后盆栽于珍珠岩∶蛭石∶田园土（3∶1∶6）的基质中，苗生长健壮，移栽成活率可达80%，为沙棘苗木的工厂化快繁提供了科学技术依据及物质基础。

此后，尹伟伦运用固体培养和液体培养相结合的技术，首次成功建立起了中国沙棘的高效体细胞胚胎发生体系（图2-56、图2-57）。尹伟伦带领团队分别以中国沙棘种子萌发的下胚轴、子叶、试管苗叶片以及茎尖为外植体进行了离体培养，成功获得了体细胞胚并再生出了完整小植株。首先通过固体培养技术，筛选了影响中国沙棘体细胞胚胎直接发生的多种培养因子，然后在此基础上通过液体振荡培养，建立了稳定的沙棘体细胞

图 2-56　2006 年，尹伟伦在实验室（尹伟伦 供图）

图 2-57　2005 年，尹伟伦在组培室观察苗木生长（尹伟伦 供图）

胚胎的再生体系。尹伟伦团队经过实验验证，得出诱导中国沙棘试管苗叶片、子叶、下胚轴3种外植体的体细胞胚胎发生与植株再生的最佳培养基为"SH+KT1.0mg/L+IAA（0.2～0.5）mg/L+琼脂粉6.5g/L+白砂糖30g/L"；叶片体细胞胚胎诱导率达到29.1%，生根率达到32.4%；子叶体细胞胚胎诱导率达到37.7%，生根率达到41.0%；下胚轴体细胞胚胎诱导率达到47.1%，生根率达到68.9%。以茎尖为外植体在1/4MS水平的培养基上的愈伤组织的发生率最高，诱导效果远远好于WPM培养基，且NAA与KT的结合能更有效地诱导胚性愈伤组织的发生；茎尖体细胞胚发生最适培养基为"1/4MS+KT1.0mg/L+NAA0.3mg/L+琼脂粉6.5g/L+白砂糖30g/L"，体细胞胚诱导率达到90.10%，平均体细胞胚的发生数达到15.48。影响中国沙棘下胚轴、子叶、试管苗叶片体细胞胚发生的培养因子中，白砂糖比蔗糖、麦芽糖、葡萄糖、麦芽糖：葡萄糖（1：1）更有利于中国沙棘体细胞胚胎的诱导；液体培养比固体培养的体细胞胚胎增殖速度快，同步性高；下胚轴水平接触培养基、叶片和子叶切口端垂直插入培养基时，体细胞胚胎诱导和小植株再生的效果最佳。而对于茎尖外植体，不同接种方式的诱导率由高到低依次为：子叶切口向下＞远轴面（背面）向下＞近轴面（正面）向下，下胚轴极性下端倾斜接触培养基＞下胚轴水平接触培养基。

　　比较中国沙棘茎尖、子叶、下胚轴体细胞胚胎发生诱导率发现：茎尖的诱导效果达到90.1%，远远高于叶片、子叶和下胚轴的29.1%、37.7%和47.1%；最终，尹伟伦团队确定中国沙棘的茎尖为最佳诱导材料，而且来自组培苗的材料能更好地保证其遗传稳定性，利于优良苗木的大量繁殖。SH、WPM、MS、1/2MS、1/4MS等几种基本培养基中，SH和WPM对中国沙棘体细胞胚胎发育与植株再生促进效果最明显，进一步确定了中国沙棘体细胞胚植株再生的最佳配方为"WPM+KT0.05mg/L+白砂糖20g/L+琼脂粉6.5g/L"，植株再生率能达到60.30%；"1/4SH+白砂糖60g/L+琼脂粉6.5g/L"，植株诱导生根移栽成活率可达80%。此项成果对于促进我国沙棘胚状体在新品种培育中的应用和沙棘种苗传统生产方式的变革具有重要意义。

尹伟伦针对北美红杉插穗愈伤化、增殖系数和移栽成活率偏低的问题，满足大面积推广造林和绿化的需要，以北美红杉试管苗针叶为外植体，建立起稳定的北美红杉不定芽和体细胞胚胎再生体系，确定诱导北美红杉胚性愈伤组织产生的最佳培养基为"SH+BA0.5mg/L+KT0.5mg/L+IBA1.0mg/L"；诱导不定芽的最佳组合为"SH+BA0.5mg/L+KT0.2mg/L+IBA0.2mg/L"；而直接产生体细胞胚胎的最佳组合为"SH+BA0.5mg/L+IBA0.5mg/L"。北美红杉不定芽再生的最佳试管苗培养时间以30天为宜；诱导胚性愈伤组织和体细胞胚胎的最佳试管苗培养时间为30～40天。在北美红杉胚性细胞发育过程中，细胞壁逐渐加厚，细胞核明显；而且蛋白质随着体细胞胚胎的发育而逐步得到积累，胚性细胞和球形胚时期有两次淀粉积累高峰，淀粉和蛋白质的变化与体细胞胚胎发生的能量供应密切相关。尹伟伦团队通过对北美红杉试管苗针叶不定芽和体细胞胚胎的诱导，为大批量生产优良无性系提供理论基础和技术支撑。

第四节

基因调控，改良抗逆

　　尹伟伦带领团队利用现代高通量测序、基因编辑、遗传转化、生理生化等先进技术手段，深入解析典型抗逆树木逆境适应性形成的复杂性状调控机理，分离鉴定调控的关键因子，推动树木种质抗逆性遗传改良。他通过对胡杨响应干旱的转录组的高通量测序及基因表达谱分析，首次系统全面地对转录因子*NF-YB*、钙离子信号通路*CBL/CIPK*、一价阳离子通道*NHX*基因家族进行了序列鉴定及进化分析，探索了其抗旱节水的分子作用机制；确定了外源激素以及*SNAC-B*和*PeCHYR1*等基因对林木气孔发育和耐旱性调控机制；解析了*PeSCL7*、*MIR472a*、*PdNF-YB21*等基因在林木应对干旱、高盐等逆境中调控林木生长发育光合作用、根系生长的功能。这些技术成果，针对特色研究种质对象和鉴定指标，建立起植物抗旱能力、生长水分利用效率和野外生理生态适应策略的全面植物鉴定标准，为改良林木抗逆性的分子设计育种提供基因资源与理论基础，为我国干旱、盐碱等困难立地造林、森林生态恢复和重建、国家木材战略储备基地建设奠定基础。相关结果近年来已在*New Phytologist*、*Plant Biotechnology Journal*、*Plant Cell & Environment*、*Journal of Experimental Botany*等多个国际植物学刊物发表SCI论文100多篇，被国际同行广泛引用。

一、模式植物抗逆基因研究

　　尹伟伦认为现代生物技术是树木抗逆性改良的方向，揭示高抗逆性模式物种的抗逆机制有助于开展树木抗逆性改良工作。干旱、高盐、低温这些非生物胁迫逆境严重影响了重要林木树种人工林的栽培、生长与木材积累。在林木树种中，杨树是森林生态系统的先锋树种，同时也是我国重要的造林绿化树种和工业用材树种，在我国特别是北方的生态建设和商品林建设中占有不可替代的地位。但由于人工林品种单一，抗性有待提高。杨树人工林的定向培育是一项系统工程，不仅要考虑到树种的抗逆性，还要考虑生物量及林木质量优劣。为实现林木定向培育，达到抗逆、速生、丰产、优质、高效和稳定的目标，必须从强抗逆型杨树入手，深入研究杨树抗逆机制，为开展树木抗逆性改良、树木定向培育奠定基础。

尹伟伦从1978年研究生阶段就开始杨树生长发育研究，将林木抗逆机制研究的重点放在了胡杨。他认为，胡杨喜光、耐盐碱、耐涝，可在耕作层含盐量达1%的地方正常生长，且耐旱、耐热、抗寒，对干燥及风沙气候有很强的适应性，是林木抗逆机制研究中不可多得的珍贵材料，可作为木本植物抗逆机制研究中的模式树种。尹伟伦同时认识到木本植物研究周期长、困难多，应多借鉴拟南芥这一模式植物中的研究成果，来发展现代林业生物学技术的坚实理论基础。从2000年左右，尹伟伦带领团队以胡杨为主要材料，通过基因片段转化拟南芥表型研究（图2-58），开启了对杨树以及木本植物的抗逆机制及抗性改良的研究，并取得了一系列成果。

传统育种周期长与抗逆良种的急需之间的矛盾解决有必要开展抗逆分子生物学及基因功能研究。尹伟伦认为，在研究功能基因时，应抓关键基因和"领军"基因，其中转录因子能通过顺式作用元件调控众多抗逆基因的表达，在逆境胁迫响应中起重要作用。虽然大多数转录因子都不单独参与植物生理反应过程，但却幕后操控着大量抗逆基因发挥作用。因此，在研究逆境胁迫时，尹伟伦特别注重将转录因子作为重点进行突破。1998年，刘强等利用酵母单杂交和基因文库筛选的方法从拟南芥中分离得到5个*CBF/DREB1*基因，按照诱导条件以及亚结构域的不同，将这5个转录因子基因分为*DREB1*和*DREB2*两个亚类，其中*DREB1*类的表达被低温胁迫快速强烈诱导，参与植物冷胁迫调控途径，*DREB2*类的表达则被脱水或高盐

图 2-58　尹伟伦指导研究生实验（夏新莉 供图）

胁迫诱导。这引起了尹伟伦的关注，他立即着手在杨树中对*DREB*基因家族进行研究，他指导学生从毛果杨基因组数据库中检索分离到53个*DREB*基因，通过保守结构域、进化树等生物信息分析，将它们分为6个小组，为今后杨树*DREB*研究提供了生物信息学基础。他又以胡杨为研究材料，克隆出两个与拟南芥*DREB2A*具有高度相似性的胡杨*DREB2*基因，运用半定量RT-PCR、荧光定量PCR以及PCR-Southern等多种表达分析方法，对这些基因的组织表达特异性和多种胁迫处理下的时空表达特征进行分析，发现*PeDREB2*和*PeDREB2L*在根、茎、叶中均有表达，且两者都受到多种胁迫处理的诱导，从而锁定这两个转录因子可能是关键因子。*DREB*转录因子通过AP2/EREBP结构域识别各种不同的顺式作用元件并与之结合，其中最重要的元件就是DRE元件，他指导学生通过酵母单杂的方法研究得出，*PeDREB2*和*PeDREB2L*都能和DRE元件特异性结合。为了研究从胡杨中分离的*DREB2*类基因的功能，将其中表达丰度较高*PeDREB2*全长序列重组入植物表达载体，在烟草中进行农杆菌介导的遗传转化，获得了一批转*PeDREB2*基因烟草植株。检测结果显示*PeDREB2*能够在转基因烟草中稳定遗传并提高了烟草的抗旱耐盐能力。杨树中*DREB*的研究结果发表后，受到了广泛关注，至今已经被引用300多次。经过多年的研究，他所领导的课题组已经对*NAC*、*WRKY*等多个转录因子家族进行了筛选和鉴定，对十几个转录因子进行了详细的功能解析，为杨树抗旱耐盐分子调控网络的构建奠定了基础。

图2-59　2006年，美国宾夕法尼亚州立大学Carlson教授（右二）来访交流（夏新莉 供图）

图2-60　2011年，尹伟伦（左）在美国与宾夕法尼亚州立大学Carlson教授交流（夏新莉 供图）

当时，转录组研究刚刚开始起步，尹伟伦联系美国宾夕法尼亚州立大学的Carlson教授开展国际合作（图2-59、图2-60），对杨树进行454测序，高通量测序发现了胡杨197个miRNA，包括胡杨中特有的58个miRNA，对多个胡杨microRNAs的抗逆性相关功能进行解析，建立了一套以cDNA-AFLP、454高效测序技术为基础的杨树复杂性性状的功能基因组研究平台。测序结果推动了基因挖掘和功能鉴定的工作，他创新性地开展甲基化研究，首次对逆境胁迫下的基因组甲基化状况进行摸底。研究结果极大地提升了当时杨树抗逆研究的高度，为其他林木抗逆机制研究提供了重要参考。

二、耐旱节水基因功能研究

高效水分利用效率是与植物耐旱性密切相关的综合生理性状，采用常规育种方法改良水分利用效率十分困难。深入阐明高效水分利用效率的遗传基础及其调控高效水分利用效率和耐旱性的分子机制，分离得到决定调控高效水分利用效率和耐旱性的关键基因，通过基因重组，创造高水分利用效率和耐旱兼备的林草新品种，对解决我国生态环境建设中水资源短缺的难题具有重要的意义。

尹伟伦针对提高植物水分利用效率和选育高效节水耐旱植物的问题，在国家重点基金项目"调控杨树耐旱节水性状的功能基因组学研究"的资助下，他带领团队通过对胡杨响应干旱的转录组的高通量测序及基因表达谱分析，首次系统全面地对转录因子*NF-YB*、钙离子信号通路*CBL/CIPK*、一价阳离子通道*NHX*基因家族进行了序列鉴定及进化分析，探索了其抗旱节水的分子作用机制。尹伟伦带领团队通过同源对比、转录组测序、AFLP筛选等方法克隆出调控杨树抗旱节水性状的多个非生物逆境胁迫响应相关的关键基因，并深入探讨了其中杨树*ERECTA*基因、*EPF1*基因调控抗旱性和WUE的功能，绘制了毛果杨（*Populus trichocarpa*）单碱基甲基化精密图谱，揭示出杨树受胁迫前后的甲基化水平变化。

除了利用胡杨这一高抗逆性杨树作为研究材料之外，尹伟伦还带领团队从具有高水分利用效率的欧美杨入手，他带领团队从速生欧美杨无性系NE-19［*Populus nigra* ×（*Populus deltoides* × *Populus nigra*）］中克隆得到了受干旱和ABA诱导表达的*PdEPF1*基因，通过分子生物学技术培育了超表达*PdEPF1*的转基因三倍体毛白杨（*Populus tomentosa* 'YiXianCiZhu B385'）。超表达*PdEPF1*植株气孔密度下降28%，蒸腾速率下降了30%，瞬时水分利用效率明显提高。超表达*PdEPF1*植株的生长相对于有更高气孔密度的对照植株，在缺水的情况下受到的影响更小，表明低气孔密度的植物可能更适合在缺水的环境下生长，提高了杨树的耐旱性。

此外，还从欧美杨无性系NE-19中克隆得到核转录因子*PdNF-YB7*。该基因受干旱胁迫及ABA诱导，在杨树的根、茎、叶中均有表达。拟南芥过表达*PdNF-YB7*转基因株系表现出萌发早、主根长、叶面积大、花茎高等特点，具有较高的最大净光合速率和较低的蒸腾速率，且植株的瞬时水分利用效率和整体水分利用效率均显著提高。干旱胁迫下转基因株系受到的生长抑制较小，能在水分供给不足的情况下仍然积累较多的生物量。荧光定量PCR分析发现，*PdNF-YB7*可能参与依赖ABA的植物抗干旱及渗透胁迫的调控途径。研究首次揭示了*PdNF-YB7*在调控植物耐旱及水分利用效率方面的作用，为进一步研究木本植物耐旱机制和开展林木抗逆性状遗传改良工作奠定了基础。

此外，团队还分离了一个根特异性表达的*NF-YB*家族转录因子*PdNF-YB21*。在84K杨（*Populus alba* × *Populus glandulosa*）中过表达*PdNF-YB21*可以促进根系生长，其木质部导管高度木质化和增大，从而提高耐旱性。相比之下，CRISPR/Cas9介导的杨树突变体*nf-yb21*的根系生长和抗旱性显著降低。*PdNF-YB21*与B3转录因子*PdFUSCA3*（*PdFUS3*）相互作用。*PdFUS3*直接结合ABA合成关键基因*PdNCED3*的启动子激活*PdNCED3*的表达，导致干旱条件下杨树根系中ABA含量显著增加，从而促进了IAA在根中的运输，最终促进了根系的生长并增强了抗旱性。这项研究为林木抗旱育种提供了一种新的思路和策略。尹伟伦团队也是国内在林木中较早使用CRISPR/Cas9进行基因功能研究的团队，将拟南芥转化、杨树本源物种转化和杨树基因编辑相结合，大大提高了基因功能鉴定结果的准确性。

三、基因功能的生理学验证

尹伟伦认为树木抗逆生理的深入研究和不断完善是林木抗逆机制研究工作深入开展的基础保障。从事植物生理教学研究多年，尹伟伦对植物生理研究在林木基础研究中的地位有着深刻的认识，他常说植物生理是研究植物生命活动规律的科学，是育种、造林和生态的基础，如果没有树木生理上扎实的研究，就不可能有对树木生长表型和基因功能的准确评价。他认为在抗逆机制研究中，坚实的植物生理学知识是研究创新的关键。只有研究清楚温度、水分等影响林木生理活动的重要环境因子，抗逆基因在这些环境因子下通过哪些代谢活动影响植物抗逆性，才能更好地评价基因功能。

尹伟伦带领学生从杨树转录组数据出发，从欧美杨107中克隆得到杨树 *PeSHN1* 基因。构建遗传转化载体并导入84K杨，35S-*PeSHN1* 转基因植株蜡质层明显增厚，蒸腾速率降低，水分利用效率显著提高。进一步分析表明，通过表达 *PeSHN1* 激活了蜡质合成通路，并结合蜡质合成关键基因 *LACS2*，进而促进蜡质合成并改变了蜡质组分，尤其是链长大于30（>C30）的烷烃类，醛类和脂肪酸类成分显著增加。正因为尹伟伦日常要求学生打好植物生理学基础，学生才能很快从转基因苗的表型特征中锁定和逆境胁迫相关的重要生理指标，35S-*PeSHN1* 转基因植株通过改变叶片蜡质性状进而显著提高了抗旱性，为林木遗传改良提供了新的研究思路和技术手段。

尹伟伦认为气孔在调节气体交换和干旱适应方面起着至关重要作用，在林木抗逆研究中应作为主要特征表型来抓。开展林木响应干旱胁迫生理生态应答机制，首先要关注干旱对植物气孔发育影响、植物激素对气孔发育的调节作用，从而解释干旱胁迫下树木种质抗干旱胁迫适应机制。尹伟伦带领团队在胡杨中发现一种泛素E3连接酶基因 *PeCHYR1*。*PeCHYR1* 优先在幼叶中表达，而且在脱落酸和脱水处理条件下可显著诱导其表达。为研究 *PeCHYR1* 潜在的生物学功能，获得了过表达 *PeCHYR1* 的转基因84K杨。过表达 *PeCHYR1* 显著提高了气孔中的过氧化氢含量，并降低了气孔开度。与野生型相比，转基因株系对外源ABA的敏感性及抗旱性均增强。*PeCHYR1* 的表达上调可促进气孔关闭和蒸腾作用降低，从而使得水分利用效率显著升高。干旱胁迫下，转基因杨树可维持较高的光合活性和生物量积累。研究证实，*PeCHYR1* 基因通过产生过氧化氢来增强ABA介导的气孔关闭参与干旱胁迫。

尹伟伦提出在进行基因功能分析时，应密切关注过氧化氢这一信号，关注高浓度和低浓度过氧化氢在植物中所起的不同作用。过氧化氢是一种活性氧，在保卫细胞中作为ABA反应途径的主要信号分子，在非生物逆境胁迫中起着重要作用。高浓度的活性氧会导致细胞损伤甚至超敏细胞死亡，而低浓度的活性氧则会作为发育信号，控制植物生物学的各个方面。胡杨 *PeCHYR1* 基因在干旱胁迫下就通过介导气孔关闭，来提高杨树的耐旱性。此后，尹伟伦团队又从胡杨中筛选出在冻胁迫以及盐胁迫中均上调表达的 *PeSTZ1* 基因，*PeSTZ1* 通过调节活性氧清除参与冷冻胁迫。在冻害胁迫下诱导的*PeSTZ1*作为*PeAPX2*的上游转录因子，通过与*PeAPX2*启动子结合直接调控其表达，活化的*PeAPX2*能够促进细胞内抗坏血酸过氧化物酶的产生，以清除由冻害积累的活性氧。*PeSTZ1*可能与*CBFs*有相似的功能，调控*COR*基因的表达，上调的*PeSTZ1*通过激活抗氧化系统消除有害物质丙二醛（MDA）和活性氧（ROS）的积累。这些研究结果极大地丰富了关于ROS系统参与非生物胁迫抗逆响应的规律。2021年尹伟伦团队又发现了*PdGATA19*可以直接调控*PdHXK1*的表达，并通过产生一氧化氮和过氧化氢信号介导气孔关闭，在提高杨树耐旱性中发挥重要作用。

正是尹伟伦善于以多学科交叉融合提升科研创新能力，在研究中利用生态学、生理学、分子生物学以及光谱学等方法研究植物的抗逆规律，他才能带领团队攻克一座又一座科研高山，解析出一条又一条林木抗逆生长发育规律的机制。这些技术成果，针对特色研究种质对象和鉴定指标，建立起植物抗旱能力、生长水分利用效率和野外生理生态适应策略的全面植物鉴定标准。

参考文献

陈金焕, 夏新莉, 尹伟伦. 植物DREB转录因子及其转基因研究进展[J]. 分子植物育种, 2007, 5(6): 29-35.

陈金焕, 叶楚玉, 夏新莉, 等. 胡杨中两个新DREB类基因的克隆、序列分析及转录激活功能研究[J]. 北京林业大学学报, 2010, 32(5): 27-33.

陈森锟, 尹伟伦, 刘晓东, 等. 修枝对欧美107杨木材生长量的短期影响[J]. 林业科学, 2008, 44(7): 130-135.

段碧华, 尹伟伦, 韩宝平, 等. 模拟干旱胁迫下几种冷季型草坪草抗旱性比较研究[J]. 草原与草坪, 2005(5): 38-42.

郭鹏, 金华, 尹伟伦, 等. 欧美杨水分利用效率相关基因PdEPF1的克隆及表达[J]. 生态学报, 2012, 32(4): 4481-4487.

郭鹏, 夏新莉, 尹伟伦. 3种黑杨无性系水分利用效率差异性分析及相关ERECTA基因的克隆与表达[J]. 生态学报, 2011, 31(11): 3239-3245.

郭鹏, 邢海涛, 夏新莉, 等. 3个新引进黑杨无性系间水分利用效率差异性研究[J]. 北京林业大学学报, 2011, 33(2): 2-10.

蒋湘宁, 尹伟伦, 王沙生. 氮素营养对杨树插条苗生长和光合性能的影响[M]//王沙生, 王世绩, 裴保华. 杨树栽培生理研究. 北京: 北京农业大学出版社, 1991: 114-125.

李俊, 夏新莉, 刘翠琼, 等. 中国沙棘体细胞胚胎间接发生与植株再生[J]. 北京林业大学学报, 2009, 31(3): 89-95.

李亮, 夏新莉, 尹伟伦, 等. 用隶属函数值法对10个沙棘品种抗旱性的综合评价[J]. 山东林业科技, 2007(1): 59-60.

梁海英, 尹伟伦. 水杉叶芽、花芽内源IAA、ABA、GA (1+3) 的含量分析[J]. 林业科技通讯, 1994(4): 13-15.

刘超, 武娴, 王襄平, 等. 内蒙古灌木叶性状关系及不同尺度的比较[J]. 北京林业大学学报, 2012, 34(6): 23-29.

刘美芹, 卢存福, 尹伟伦. 珍稀濒危植物沙冬青生物学特性及抗逆性研究进展[J]. 应用与环境生物学报, 2004, 10(3): 384-388.

亓玉飞, 尹伟伦, 夏新莉, 等. 修枝对欧美杨107杨水分生理的影响[J]. 林业科学, 2011, 47(3): 33-38.

孙尚伟, 夏新莉, 刘晓东, 等. 修枝对复合农林系统内作物光合特性及生长的影响[J]. 生态学报, 2008, 28(7): 3185-3192.

万雪琴, 夏新莉, 尹伟伦, 等. 北美杂交杨无性系扦插苗生长比较[J]. 林业科技开发, 2006, 20(4): 15-19.

王华芳, 尹伟伦, 郑彩霞, 等. 植物的超弱发光[J]. 北京林业大学学报, 1996, 18(2): 83-89.

夏新莉, 郑彩霞, 尹伟伦. 土壤干旱胁迫对樟子松针叶膜脂过氧化、膜脂成分和乙烯释放的影响[J]. 林业科学, 2000, 36(3): 8-12.

严东辉, 汤沙, 夏新莉, 等. 胡杨核转录因子PeNF-YB1克隆及其干旱响应表达[J]. 中国农学通报, 2012, 28(19): 6-11.

尹伟伦, 刘玉军, 刘强. 木本植物基因组研究[J]. 北京林业大学学报, 2002, 24(5/6): 244-249.

尹伟伦, 万雪琴, 夏新莉. 杨树稳定碳同位素分辨率与水分利用效率和生长的关系[J]. 林业科学, 2007, 43(8): 15-22.

尹伟伦, 翟明普, 周震庠, 等. 兴安落叶松苗木茎根比的化学调控[J]. 北京林业大学学报, 1993, 15(S1): 165-171.

尹伟伦, 翟明普, 周震庠. 兴安落叶松苗木失水对细胞膜损伤和苗木质量的影响[J]. 北京林业大学学报, 1993, 15(S2): 160-164.

尹伟伦, 赵兴存. 用生理指标评价苗木质量[J]. 甘肃林业科技, 1993(5): 55, 22.

尹伟伦. 不同品种杨树插条苗的生长规律和光合性能的研究—Ⅰ. 不同品种杨树插条苗的叶、茎和根的生长及相互关系[J]. 北京农业科技, 1982(1): 37-46.

尹伟伦. 不同品种杨树插条苗的生长规律和光合性能的研究—Ⅱ. 杨树品种间光合性能的比较[J]. 北京农业科技, 1982(2): 29-38.

尹伟伦. 不同种类杨树苗木的生长和光合性能的比较研究—Ⅰ. 叶、茎、根的生长和相互关系[J]. 北京林学院学报, 1982(4): 93-108.

尹伟伦. 不同种类杨树苗木的生长和光合性能的比较研究—Ⅱ. 净光合速率、光呼吸和Hill反应等光合性能指标[J]. 北京林学院学报, 1983(2): 41-55.

尹伟伦. 氮素营养对加杨内源细胞分裂素的影响[M]//王沙生, 王世绩, 裴保华. 杨树栽培生理研究. 北京: 北京农业大学出版社, 1991: 126-131.

尹伟伦. 杨树顶芽过氧化物酶活性的季节变化与生长关系的研究[J]. 北京农业科学, 1983(1): 23-28.

于亚军, 夏新莉, 尹伟伦. 沙棘优良抗旱品种不定芽诱导及再生体系的建立[J]. 沙棘, 2008, 21(1): 30-31.

张川红, 沈应柏, 尹伟伦, 等. 盐胁迫对几种苗木生长及光合作用的影响[J]. 林业科学, 2002, 38(2): 27-31.

张和臣, 叶楚玉, 夏新莉, 等. 逆境条件下植物CBL/CIPK 信号途径转导的分子机制[J]. 分子植物育种, 2009, 7(1): 1-6.

CHEN Jinhuan, XIA Xinli, YIN Weilun. A poplar DRE-binding protein gene, *PeDREB2L*, is involved in regulation of defense response against abiotic stress[J]. Gene, 2011, 483: 36-42.

HAN Xiao, TANG Sha, AN Yi, et al. Overexpression of the poplar *NF-YB7* transcription factor confers drought tolerance and improves water-use efficiency in Arabidopsis[J]. Journal of Experimental Botany, 2013, 64(14): 4589-4601.

HE Fang, LI Huiguang, WANG Jingjing, et al. *PeSTZ1*, a C2H2-type zinc finger transcription factor from *Populus euphratica*, enhances freezing tolerance through modulation of ROS scavenging by directly regulating *PeAPX2*[J]. Plant Biotechnology Journal, 2019, 17(11): 2169-2183.

HE Fang, NIU Mengxue, FENG Conghua, et al. *PeSTZ1* confers salt stress tolerance by scavenging the accumulation of ROS through regulating the expression of *PeZAT12* and *PeAPX2* in *Populus*[J]. Tree Physiology, 2020, 40(9): 1292-1311.

HE Fang, WANG Houling, LI Huiguang, et al. *PeCHYR1*, a ubiquitin E3 ligase from *Populus euphratica*, enhances drought tolerance via ABA-induced stomatal closure by ROS production in *Populus*[J]. Plant Biotechnology Journal, 2018, 16(8):1514-1528.

LIU Cuiqiong, XIA Xinli, YIN Weilun, et al. Shoot regeneration and somatic embryogenesis from needles of redwood (*Sequoia sempervirens* (D. Don.) Endl.) [J]. Plant Cell Reports, 2006, 25: 621-628.

MENG Sen, CAO Yang, LI Huiguang, et al. *PeSHN1* regulates water-use efficiency and drought tolerance by modulating wax biosynthesis in poplar[J]. Tree Physiology, 2019, 39(8): 1371-1386.

PANG Tao, GUO Lili, Shim Donghwan, et al. Characterization of the transcriptome of the Xerophyte *Ammopiptanthus mongolicus* leaves under drought stress by 454 pyrosequencing[J]. Plos One, 2015, 10(8): e0136495.

WANG Congpeng, LIU Sha, DONG Yan, et al. *PdEPF1* regulates water-use efficiency and drought tolerance by modulating stomatal density in poplar[J]. Plant Biotechnology Journal, 2016,14(3): 849-860.

YAN Donghui, XIA Xinli, YIN Weilun. *NF-YB* family genes identified in a poplar genome-wide analysis and expressed in *Populus euphratica* are responsive to drought stress[J]. Plant Molecular Biology Reporter, 2013, 31: 363-370.

ZHANG Yue, CHAO Shen, ZHOU Yangyan, et al. Tuning drought resistance by using a root-specific expression transcription factor *PdNF-YB21* in *Arabidopsis thaliana*[J]. Plant Cell, Tissue and Organ Culture, 2021, 145:379-391.

ZHANG Yue, LIN Shiwei, ZHOU Yangyan, et al. *PdNF-YB21* positively regulated root lignin structure in poplar[J]. Industrial Crops and Products, 2021, 168: 113609.

ZHOU Yangyan, ZHANG Yue, WANG Xuewen, et al. Root-specific *NF-YB* family transcription factor, *PdNF-YB21*, positively regulates root growth and drought resistance by abscisic acid-mediated indoylacetic acid transport in *Populus* [J]. New Phytologist, 2020, 227(2): 407-426.

知行合一，树木树人

1993年12月2日，尹伟伦被国家林业部任命为北京林业大学副校长，主管研究生教育；2004年7月，被正式任命为北京林业大学校长。尹伟伦锚定立德树人这一教育根本任务，紧跟国际国内行业发展大势，紧紧抓住行业特色型大学转型这一重大时代机遇，在深刻认识建设高水平林业大学、引领生态文明等新要求的基础上，把彰显行业特色、提升人才培养质量、办人民满意的大学作为办学治校的重大责任，进一步强调"科研创新支撑国家经济发展，是高水平特色型大学的重要使命；服务国家发展重要战略，是高水平特色型大学的社会责任"。他高度重视学校核心竞争力的提升，明确提出"育人为本，创新为魂"的办学指导思想，在深入思考培养林业人才的重难堵点、总结林业高校治校办学经验的基础上，提出林业行业特色院校建设思想，并带领全校上下克服重重困难，顺利跻身"211工程""985平台"重点建设高校之列，将北京林业大学的发展，尤其是研究生教育事业推向一个新的阶段。

　　尹伟伦坚持在办学实践中注重落实以人为本的思想，要求学校的所有工作要围绕人才展开，服务于育人，努力创造拔尖人才脱颖而出的良好环境。这深刻展现了他作为大学校长对高等教育本质的理解和把握。

　　尹伟伦认为，高校之间的竞争说到底是人才之争，谁拥有更多高水平人才谁就具有核心竞争力，谁能最大程度发挥人才的作用谁就可以获得源源不断的发展动力。

第一节

建设高水平大学，突出特色

一般认为，行业特色型大学源于1952年院系调整。为了对旧有高等教育体系进行调整，同时快速培养大量经济社会建设专门人才，我国效仿苏联，以"培养工业建设人才和师资为重点，发展专门学院，整顿和加强综合大学"为目的，对全国大学，尤其是综合性大学进行了调整，分离出如今的北京航空航天大学、中国农业大学、中国地质大学、中国矿业大学、北京林业大学、北京科技大学、中国石油大学等众多行业特色型大学。几十年来，行业特色型大学为行业建设发展输送了大批优质人才。到20世纪90年代中期，我国行业特色型大学的数量、规模等已达到全国总数的1/3左右，成为我国高等教育事业独特且重要的组成部分。

20世纪90年代末，经过几十年，尤其是改革开放以来的恢复发展，我国经济建设取得极大成效，初步确立起社会主义市场经济体制。为适应社会主义市场经济体制发展需求，1998年3月，国务院启动了第四次机构改革，在这次改革中，国务院组成部门由原有的40个减少到29个，电力工业部、煤炭工业部、冶金工业部、化学工业部等几乎所有的工业专业经济部门被撤销，林业部也被改为国家林业局，为国务院直属机构。同时，社会的快速发展也对教育提出了更新要求。原来行业特色型大学过专过细的专业划分已不能满足社会建设和行业发展对人才的需求，社会对知识口径宽、适应能力强的"通才"的渴求更加迫切。

为应对这一转变，教育领域迎来了一场深刻变革。20世纪末，我国全面启动高等教育管理体制改革，取消了行业部门的办学权，一批行业特色型大学调整为中央与地方共建、以地方管理为主，或划转到教育部，只有少部分依然由原所属部委管理，行业特色型大学原有的良好办学生态被打破，此前许多行业特色型大学"多年只办几个专业""完全对接行业需求"的光景不再。尹伟伦所在的北京林业大学也随着教育体制改革的要求，先是划转为教育部直属大学，后由教育部与国家林业局共建。

面对新形势，行业特色型大学进一步适应经济社会发展要求，积极开办与行业生产和管理联系并不紧密的学科专业，科学研究开始成为越来越多行业特色型大学新的职能定位，行业特色型大学迈入多科化、综合化的发展进程，人才培养方向也开始转向"通才"培养模式。

尹伟伦对这一变化的认识可用"多科性、研究型、高水平"三点概括，其主要内涵为：①"多科性"就是要与时俱进地进一步拓展优势学科，从国民经济发展需求出发，培育新的学术增长点，持续推动相关学科交叉领域的发展。林业高校应结合自身建设实际情况，努力满足生态文明建设需求，大力发展林学、环境、生态等相关优势方向，加强人文学科建设，促进经济学科、高新技术学科与传统优势学科融合交叉发展。②"研究型"就是要进一步加强学术创新思想的发展，在国家重大行业研究及技术进步中发挥作用。林业高校应不断提升研究能力和水平，提高科研竞争力，进一步增强研究成果对国民经济发展的支撑贡献力度。同时要着力培养创新型、创业型的高水平研究型人才，将研究生培养与重大项目攻关紧密结合，在实践过程中持续培养研究生的家国情怀和奉献精神。③"高水平"就是要保持人才培养的高质量、科学研究的高地位和行业内的高认同。林业高校要始终高举行业发展的大旗，突出行业特色和学科优势，力争在国家重大项目工程中有参与权、话语权，带动学校科研水平不断提高，实现良性循环。

2008年，尹伟伦在出席第二届高水平特色型大学发展论坛年会时，结合北京林业大学办学实践，指出我国重点行业特色型大学是中国特色高等教育的重要组成部分，评价行业高校的指标关键看学校的人才培养质量、在行业重大战略中的话语权和有显示度的科技成果，得到了教育部领导和与会人员的高度评价。

在这一认识的指导下，尹伟伦转变发展思路，带领北京林业大学全体师生克服重重困难，使学校顺利跻身"211工程"和"985工程优势学科创新平台"重点建设院校之列，为学校跨越式发展注入了强劲动力。

一、"211工程"建设

20世纪90年代初，国家决定在教育系统实施"211工程"，即面向21世纪，重点建设100所左右的高等学校和重点学科的建设工程。建设1995—2010年，分三期推进。

1993年3月，北京林业大学党委决定紧紧抓住这次难得的机遇，把积极争取进入"211工程"作为学校的工作目标。经过4年的努力，1996年北京林业大学正式入选，被国家列为首批"211工程"重点建设高校。

（一）锐志改革，争进"211工程"

当时，向林业部提出申请进入"211工程"的还有两所林业大学，这样就形成了站在"同一起跑线上"的三校竞争格局。面对激烈的竞争形势，北京林业大学紧紧结合学校实际，在充分讨论、认真分析和研究的基础上，总结出坚持特色、全面发展的办学思路，进一步明确了"规模、质量、特色、效益"的八字办学方针，提出"以深化内部管理体制改革为抓手，苦练内功；充分利用外部资源，大力推进联合办学；抓党建和思想政治工作，充分调动和发挥党员和全校师生员工的积极性；与日常工作紧密结合，抓住每一次能提升学校实力、地位的机遇"等4项重大举措。1993年，北京林业大学召开了"争进211工程，深化校内改革"全校动员大会，并成立了专家咨询组、挂牌"211工程办公室"，申办"211工程"的各项工作全面、紧张、有序地开展起来。

尹伟伦时任北京林业大学副校长，被学校党委委以分管"211工程"工作的重任。他在建设项目策划初始就指出，要紧紧围绕"提高教学质量、提升科研能力"这条主线来设计建设项目的总要求，并提出了项目论证工作原则：①建设项目设计、论证要突出科学性、系统性；②要注重发展学校的办学特色，保持重点学科优势；③学科建设要突出重点，支持特色优势学科率先发展，尤其要优先考虑对国家林业和生态环境建设发展起重大支撑作用的相关基础和技术学科；④建设目标要"跳起来才够得到"，建设任务要具体明确、尽可能量化，保障措施要可行可操作，项目管理规章制度要提前制定。

在尹伟伦的指导下，学校按时完成了《北京林业大学"211工程"建设项目可行性研究报告》并呈报教育部。

（二）"211工程"立项建设

"九五"期间，北京林业大学"211工程"建设的指导思想是"坚持社会主义办学方向，深化教育教学改革，突出重点学科建设，注重内涵发展，提高办学质量和科研水平"。本着"强化办学特色、保持重点学科优势"的原则，首批确定突出代表21世纪林业科学发展方向的森林培育、森林经理学、水土保持与荒漠化防治、森林生物工程、园林（含风景园林规划与设计）、林业与木工机械、林业经济管理等7个重点学科进行建设。这期间，北京林业大学以学科建设为龙头，以学科交叉和新生长点为发展主线，通过传统学科与现代生物科学、现代信息技术等高新科学技术领域的有机结合，促进相应学科向智能化、自动化和基础性研究方向发展。实践证明，这一举措进一步有效地拓展了学科研究领域，推动了一批新学科点的形成和发展，丰富了学科建设的内涵，使北京林业大学学科综合能力得到巨大的提升。这些也与尹伟伦早前提出的将应用学科林学与基础学科生物学相互融合的学术思想高度契合，也进一步证实了其学术思想的正确性和可行性。

2000年，北京林业大学在校研究生人数、本专科生人数、成人教育学生和外国留学生，分别都以倍数级增加，办学效果十分显著，实现了办学规模效应的跨越式发展。研究生培养质量开始显现，开始获得全国百篇优秀博士论文奖。园林规划学科研究生连续5年多次获国际风景园林设计竞赛金奖或国际建筑竞赛大奖。

这五年来，北京林业大学人才培养体系日益完善，增设了一批博士后流动站、博士授权一级学科、博士点、硕士点、专业硕士学位授权点"国家理科基础学科研究和教育人才培养基地"等，形成了较为完整的高层次人才培养的学科专业体系。

"九五"期间，北京林业大学"211工程"建设成绩斐然，取得显著的教学、科研重大成果几十项，承担了各类科研课题300多项，科学研究经费上亿元，其中，国际合作项目40余项，经费上千万元。获得国家科学技术进步奖近10项；省部级研究成果奖几十项；出版学术专著70余部；出版教材近百种；授权专利20多项。其中，形成了一批对林业科技和林业现代化建设有重要意义的标志性成果19项，其中11项应用技术成果，4项科技开发、推广成果，4项教学优秀成果。学校发挥学科综合优势，以特色学科为支撑，形成了以毛白杨三倍体、刺槐四倍体、名优花卉等为龙头的、特色鲜明的高科技产业，并于2000年9月在中关村高科技园区注册。毛白杨选出耐旱、纸浆材、建筑材、胶合板材新品种20多个，在黄河中下游7省（自治区、直辖市）造林逾3亿株，产生了极大的经济效益和社会效益。

同时，北京林业大学坚持走内涵发展，确定建设图书资料信息中心、计算机校园网、电化教学中心、重点课程、体育馆和林业楼、森工楼改造及文明校园建设项目等。同时明确了队伍建设、人才培养、科学研究等8项量化的建设任务及发挥党支部战斗堡垒作用的多项保障措施。

（三）"211工程"二期建设

北京林业大学在"九五""211工程"建设取得长足发展的基础上，依据学校发展战略目标和发展原则、重点，以"十五""211工程"建设为契机，进一步深化改革，苦练内功，推进各项工作的全面发展，并提出"用15～20年的时间，将学校建设成为以林学、生物学、林业工程学等学科为特色的多科性研究型大学"的发展目标。

为此，尹伟伦对"十五"期间"211工程"建设提出"六个坚持"的原则：①坚持教育创新、科技创新、制度创新、管理创新；②坚持与学校总体发展规划相结合；③坚持与"振兴计划"等项目相结合；④坚持以学科建设为重点，凝练学科方向，汇聚创新队伍，构筑学科基地；⑤坚持"有所不为才能有所为"，精选重点建设项目，突出特色发展；⑥坚持多学科交叉融合，实现资源共享，提高资源效益，进一步增强学科服务国家生态环境建设、经济建设和社会发展的综合能力。

他还进一步指出：①要凝练好重点学科方向，促进学科交叉融合，优化学科结构；②要汇聚创新团队，增强学科能力，拓展学科服务领域；③要集成重点学科实验室，初步建立起适应林业科学技术发展需要的高水平、共享性、开放性的实验室（实验基地）体系框架；④建立重点学科（重点实验室）体制、运行机制，推进学科"实体化"建设，进一步发挥学科的核心作用；⑤进一步提升公共服务体系的资源及信息服务能力，为学科建设提供良好的人才培养和科学研究平台；⑥建设好重点学科配套基础设施，为学科进一步发展提供必要的空间和硬件支持。通过切实落实上述举措，使学科结构更加优化、学科特色更加鲜明、学科能力更加突出，努力实现重点学科的跨越式发展，显著提高人才培养质量和科技创新能力，形成重点突破、全面推进、以点带面、共同发展的新局面。

尹伟伦还强调，要注重学科体系、实验室（实验基地）体系建设及配套运行机制、制度建设，保障项目建设的质量和效益，更直接有效地为国家生态建设和行业发展提供技术、人才支撑。要主动与国家生态建设和林业"六大重点工程"对接，创新性地提出了构建特色学科群的学科发展新思路。

北京林业大学"十五""211工程"建设成效显著，在学科建设、队伍建设、创新人才培养、科学研究、科技创新平台建设和国际合作等方面均得到了长足发展（图3-1）。以重点学科为牵引，组建起森林资源学科群、生态环境学科群、生物技术学科群、园林学科群、林产材料技术

图3-1　2006年，尹伟伦主持"十五""211工程"建设项目验收汇报会（李香云 供图）

与装备学科群和经济管理学科群六大特色学科群。初步组建起一支结构合理、素质良好、富有活力的高水平师资队伍，有4位中国工程院院士，2位"长江学者"和一大批有突出贡献的中青年专家，入选教育部"林业病虫灾害预警与生态调控技术研究"科技创新团队1个，"林业工程与森林培育学科创新引智基地"获准立项。科研经费创新高，承担973计划项目、863计划项目、国家自然科学基金重点项目、国家科技攻关等各类纵向科研项目300余项，科研经费达到2亿多元。收获了一大批科技成果，其中获国家科学技术进步奖二等奖7项；按照国家标志性成果鉴定标准，选出11项标志性成果，涵盖科研、教学、人才培养和创新平台建设等方面。人才培养硕果累累，连续3届获国家级教学成果一等奖、二等奖多项，获省部级教学成果几十项；本科专业和专业方向发展到50余个，在册本科生人数、研究生人数、在站博士后人数比"九五"时期又有了大幅提高；入选"全国百篇优秀博士论文"多篇；研究生院试办转正，成为全国设有研究生院的56所高校之一；获准建设了一批国家级、省部级工程技术研究中心、野外科学综合研究站和固定的产学研重要基地；执行国际合作项目30余项；举办"世界水土保持大会"等20余次国际学术会议。

（四）"211工程"三期建设

"十一五"时期，是学校由教学研究型大学向研究型大学转型的重要阶段，着力推进三大战略实施，即实施特色建校战略，夯实学校发展基础；实施人才强校战略，提升学校竞争实力；实施创新兴校战略，强化学校发展活力。经过专家反复论证（图3-2），学校领导班子审定同意"211工程"三期建设11个项目，即重点学科建设项目9项，涉及25个二级学科；创新人才培养项目1项；师资队伍建设项目1项。

此时，尹伟伦已经被任命为北京林业大学校长。他立足学校发展的新起点，进一步明确了规划设计好"211工程"三期建设项目的思路：①建设项目规划要围绕服务国家重大战略需求和生态保护与建设需要，进一步深入凝炼重点建设学科方向，形成若干个处于学术前沿的新兴和交叉学科。②以项目带动重点学科与相关学科的建设，强化六大学科群内部的深度融合，形成各自学术领域的新优势。③持续加强学术队伍和创新团队建设，加快对中青年骨干教师的培养，进一步增强学科可持续发展的能力和水平。④加快科技创新平台构筑，进一步完善高水平、共享性、开放性实验室（工程中心）建设及其运行机制。⑤不断创新人才培养模式，着力提高教育教学质量。⑥深化科研体制改革，激发科技创新活力。⑦注重科技成果推广，提高社会服务效益。⑧大幅提升公共服

图3-2 2008年，尹伟伦主持"211工程"三期建设项目领导小组工作会议（李香云 供图）

务体系的资源、信息和服务功能，为人才培养和科学研究提供硬件支撑。⑨超前构建起与"多科性研究型林业大学"相适应的重点学科体系、科技创新平台体系、现代化管理体系和公共服务体系等四大学术体系。

"十一五"期间，北京林业大学"211工程"建设成效更为显著。

在学科建设方面，增加多个一级学科博士学位授权点和博士后流动站，形成了覆盖10个学科门类32个一级学科的，层次结构齐全、多学科协调发展的学科体系；新增多个国家二级重点学科、省部级二级重点学科。

在学术队伍建设方面，先后引进"973计划"首席科学家、"长江学者"、国家杰出青年基金获得者、新世纪百千万人才工程入选者等教授和国家级高层次人才10余人；教师中入选教育部新世纪人才支持计划近20人；教育部创新团队通过教育部验收；形成了以"长江学者"等10余名国际有影响、国内同领域著名学者领军的创新团队。

在科学研究方面，承担了各类国内和国际合作科研项目近900项，承担工程技术研发项目20余项，规划设计项目几百项。争取科研经费5亿元以上。作为首席单位主持"973计划""863计划"课题10余项；主持国家科技支撑计划项目课题、国家自然科学基金课题、重点基金项目等近200项；获授权发明专利和实用新型专利、新品种保护权和新品种登录、软件著作权登记等200余项；获国家技术发明二等奖、国家科学技术进步二等奖多项，获得省部级科技奖励30余项，获国际设计大奖近10项。新建国家林木育种工程实验室、省部级科技创新平台、科技成果转化基地等近30个，为科技创新和社会服务提供了重要支撑。

在创新人才培养方面，研究生培养规模有大发展；立项建设55门研究生骨干课程；入选或提名全国优秀博士论文、北京市优秀博士论文近10篇；近10名教师当选北京市教学名师，建成国家级教学团队、北京市优秀教学团队10多个；再获国家级教学成果奖二等奖，北京市教育教学成果一等奖、二等奖10项。

在国际交流与合作方面，成功举办国际杨树大会、林业教育国际研讨会（图3-3、图3-4）、亚太地区林业院校长联合会等国际会议近20次；依托木质环境友好材料与能源转化工程建设项目，获准建设高等学校学科创新引智计划项目——林业工程与森林培育学科创新引智基地；承办中国商务部举办的国际林业管理官员培训班，来自17个发展中国家的30位林业及自然资源管理高级官员参加培训（图3-5、图3-6）。

"十一五""211工程"建设期间，学校再获国家技术发明二等奖、国家科学技术进步二等奖6项；标志性成果12项，涵盖科技创新成果、创新人才培养、创新团队建设、创新平台建设等方面。

"211工程"建设以学科建设为核心，随着建设的推进，建设的内涵发生了重大变化。正如尹伟伦指出："九五"期间，学科建设项目是以单一重点学科建设为主要特征；"十五"期间，则是以学科交叉、学科群建设为特征；"十一五"期间，学科集聚成为学科跨越式发展的显著特征。纵观"211工程"一期、二期、三期建设全过程，能清晰地勾勒出尹伟伦学术管理思想在重点建设项目中发挥的重要指引作用，也为进一步深入研

图3-3　2008年，尹伟伦任主席（左三）主持林业教育国际研讨会暨第一届中国林业教育培训论坛（李香云 供图）

图3-4　2010年，尹伟伦（前排左一）率北京林业大学代表团赴加拿大温哥华参加林业教育国际研讨会（李香云 供图）

图 3-5 2005 年，尹伟伦（左一）主持国际林业管理官员培训班（森林资源可持续经营管理官员研修班）（李香云 供图）

图 3-6 2006 年，尹伟伦（左一）主持国际林业管理官员培训班（上海合作组织林业管理研修班）开学典礼（李香云 供图）

究尹伟伦学术思想提供了丰富的学术管理实践素材。

为表彰在长达15年的"211工程"建设中，学科建设成绩突出、标志性成果显著、建设经费使用规范和项目管理效果好的高校，依据第三方综合评估数据，"211工程"部际协调办下发文件对28所"211工程"建设高校进行了一次性等额奖励，北京林业大学榜上有名，获得1360万元的奖金，并全部用于学科实验室建设。可以说，此奖励也是对以尹伟伦为代表的集体学术管理思想的充分肯定和褒奖。

尹伟伦将三期"211工程"归纳为：卓有成效的"211工程"重点建设，是学校发展史上建设期最长、建设投资最大、学科受益面最广、建设成果最丰硕、建设成效最显著的国家重点建设工程。经过15年的"211工程"建设，学校面貌发生了翻天覆地的变化。学科综合能力得到飞跃发展，有效地促进了人才培养质量的提高，有力地推进了科学研究水平的提升，管理水平上了新台阶，办学效益凸显，学校办学水平实现了跨越式发展。"211工程"建设无可争议地成为北京林业大学建设发展历程中的一座里程丰碑，永载史册。

二、"985工程优势学科创新平台"建设

继"211工程"后，1998年12月，教育部制订了《面向21世纪教育振兴行动计划》，决定重点支持部分高校创建世界一流大学和高水平大学，简称"985工程"。后为充分发挥高校，尤其是行业特色型大学在各自领域的学科优势，以国家和行业领域发展急需的重点领域和重大需求为导向打造一批世界一流学科群。2006年12月，国家启动了"985工程优势学科创新平台"项目，作为"985工程"大体系的重要组成部分。

2008年，北京林业大学"985工程优势学科创新平台"建设正式启动，建设期4年（2008—2011年），建设资金1.1亿元。

（一）"985工程优势学科创新平台"立项论证

"985工程优势学科创新平台"的建设理念和目的与尹伟伦一直主张的建设"多科性研究型大学"的战略目标不谋而合。时任北京林业大学校长的尹伟伦敏锐地察觉到并紧紧抓住这一千载难逢的重大建设发展机遇，迅速紧锣密鼓地组织立项论证工作，进一步明确了北京林业大学立项建设的目标、任务、内容和重点等（图3-7）。

在项目论证上，尹伟伦强调应着重贯彻三方面原则：一是应坚持以服务国家需求为导向，瞄准生态安全领域重大战略需求和亟待解决的难点问题，结合国家林业发展的战略目标，解决重大瓶颈问题；二是应坚持以学科建设为核心，面对行业发展的新趋势、新要求，探索搭建以北京林业大学为代表的行业特色型大学与科研院所、相关企业间协同创新大平台，实现学科资源共享、优势互补及强强合作，进一步增强行业特色型大学承担国家重大战略科研任务、开展高水平国际合作的竞争力；三是应持续坚持改革创新，进一步优化学科结构，推进学科交叉融合，以重大项目带动学科群建设水平不断攀升，深化学科管理体制和运行机制改革，为学校学科

整体建设发展提供保障。

在平台研究方向的选择上，尹伟伦在项目论证原则的基础上，进一步明确指出，要将全球气候变化与国家经济社会可持续发展相结合，将国家生态环境建设与林业建设发展相结合，将研究近期目标与长远发展目标相结合。重点研究森林植物抗逆机理与种质创新、森林植被恢复和能源林培育、森林生态系统保护和可持续经营等问题，为国家增加碳汇、解决重大生态环境问题提供科学依据和关键技术支撑。

在尹伟伦的指导部署下，北京林业大学完成了《应对气候变化的森林植被恢复与可持续经营优势学科创新平台建设项目》论证报告，确定了"脆弱生态系统退化机制与恢复重建研究"和"林木良种与生物学基础优势学科创新"2个子平台，以及"优质高效森林培育与经营利用研究"和"森林与湿地生态系统保护研究"2个研究方向的建设内容，并明确了具体建设任务内容。该平台主要由北京林业大学林学国家重点一级学科（含森林培育、林木遗传育种、水土保持与荒漠化防治、森林经理和森林保护等7个二级学科），以及植物学国家重点学科、北京市重点学科生态学及

图 3-7　2008 年，尹伟伦代表学校汇报"优势学科创新平台"项目建设方案（程堂仁 供图）

相关学科支撑。

（二）"985工程优势学科创新平台"建设成效

为确保各项建设任务如期落地落实，尹伟伦亲自挂帅，担任北京林业大学"985工程优势学科创新平台"项目总负责人，并与4个子项目负责人签订了《项目建设任务责任书》，压实建设任务和责任。经过4年建设，北京林业大学"985工程优势学科创新平台"建设取得了突出的成效，学校办学实力、社会服务能力进一步增强，为解决行业难题、服务国家经济社会发展提供了有力支撑。

在学校建设方面，北京林业大学初步形成了以院士、"973计划"首席科学家和"长江学者"领衔的多个平台前沿领域的创新团队，培养出了"新世纪百千万人才工程""新世纪优秀人才支持计划""国家杰出青年基金"获得者等一批中青年骨干。北京林业大学为牵头单位或第一完成单位主持了多项国家"973计划"课题、"863计划"课题、国家自然科学基金重点项目、国家科技支撑项目课题、国家自然科学基金面上项目、省部级重点课题等，研究成果有效解决了优质高效人工林定向培育、脆弱生态系统退化机制与恢复重建、森林与湿地生态系统保护、森林可持续经营理论与技术、森林植物抗逆机理与种质创新、林木生物质材料和生物质能源研究等领域的重要理论和关键技术问题。建立或完善了林木育种国家工程实验室、国家能源非粮生物质原料研发中心、林木生物质新材料研究开发基地及野外实验与创新人才培养基地21个，基本形成覆盖全国主要生态功能区的产学研网络化基地体系。

在行业建设方面，北京林业大学以行业唯一的"985工程优势学科创新平台"建设为引擎，构建包括中国林业科学研究院、国际竹藤中心、东北林业大学、南京林业大学、浙江农林大学等行业知名科研院所和高校为协同单位的林业协同创新平台，各单位充分发挥自身优势，共同承担国家重大科技专项、国家科技支撑项目、公益性行业专项基金等课题，实现行业协同联动、资源共享、优势互补。

在服务国家生态建设方面，北京林业大学"985工程优势学科创新平台"参与完成了国务院环境与发展国际合作委员会生态系统管理工作组工作、鄱阳湖水利工程建设对鄱阳湖湿地生态系统的影响评估研究，以及多项重点生态环境领域的科技咨询或部分技术支持，2008年还参与了南方雨雪冰冻灾害、汶川地震灾后重建调研并提交生态恢复重建建议等，得到国家的高度重视。

在服务地方经济社会发展方面，与广西、湖北、福建省三明市、北京市、内蒙古赤峰市、黑龙江黑河市等地方开展了深度合作，与分布在全国主要代表性林区、典型水保和林业生态工程建设区、森林和湿地生态系统类型自然保护区的企事业单位共建了一批教学和实验研究基地，科技推广工作被科学技术部评为"全国科技特派员工作先进集体"。

北京林业大学"985工程优势学科创新平台"建设对其自身而言，极大地提升了重点学科的综合创新能力，使其进一步增强了承担或参与解决国家重大战略问题、国家重大科技项目、国际间高水平科技合作研究的实力和竞争力，成为北京林业大学一流高校的代名词和重要名片，显著的建设成果至今依然发挥着积极作用。从建设过程中总结凝练出的"以学科建设为核心"的经验，已经成为北京林业大学建设研究型大学的一笔宝贵财富，也是尹伟伦院士学术思想在学术管理中的一次成功实践。

尹伟伦如此总结："我们的经验就在于久久为功，很好地抓实了两件事。在宏观层面，着力抓实'重点学科体系、科技创新平台体系、人才培养质量保障体系、公共服务体系、现代化管理体系'等提供创新支撑的学术体系建设；在微观层面，全力抓实'学科要有学术，教授要有责任，培养要有质量，科研要有团队，学科要有管理'全方位创新要素的学术管理举措。"

北京林业大学"985工程优势学科创新平台"建设对行业建设而言，进一步拓展了行业研究领域，为林业服务社会经济发展提供了更多空间和着力点，增强了全行业协同、合作研究的能力和水平。

三、科技平台建设

尹伟伦认为，学科、平台、人才是构成高校创新体系的主体，学科建设是龙头工程、平台建设是创新载体、人才培养是根本任务，三者相辅相成，相互支撑，并与其产生的高水平研究成果共同构成学校竞争力、影响力和综合实力的核心要素。

作为行业特色型大学的校长，他始终强调科技平台的基础地位、阵地作用和高地影响，抢占高地和固守阵地要并重并举、并行并进。他认为，科技平台是吸引和汇聚高水平人才、重大科技项目等创新要素，以及培养拔尖创新人才和培育标志性成果的基础性工程，也是学校创新体系建设的主体工程，是学校硬实力的重要标志，必须实现好、建设好、维护好和发展好。

在尹伟伦的指导部署下，北京林业大学经过多年建设发展，初步总结出科技平台建设思想：立足林学、风景园林学等特色优势学科群，搭建高水平创新平台体系，打造突破性科技成果产出、创新资源汇聚和拔尖创新人才培养的科技高地，不断彰显学校学科特色，夯实行业优势地位，持续为国家林草和生态环境建设事业贡献北林智慧和北林方案。

在这一思想的指导下，北京林业大学先后成功组建国家花卉工程技术研究中心（以下简称"花卉中心"，2005年科学技术部批准筹建）和林木育种国家工程实验室（2008年国家发展和改革委员会批准筹建），学校整体科研能力和水平得到了进一步提升。

（一）国家花卉工程技术研究中心

2005年1月，科学技术部批准依托北京林业大学组建国家花卉工程技术研究中心，这也是北京林业大学建校以来第一个国家级科技创新平台（图3-8）。尹伟伦作为校长亲自抓创建工作，担任花卉中心第一任主任（后又连任两届，直至2013年届满离任，后担任花卉中心工程技术委员会

图3-8　2005年12月，国家花卉工程技术研究中心立项考察现场，尹伟伦（右五）向科学技术部专家组成员介绍情况
（程堂仁 供图）

主任，继续指导花卉中心建设发展）。他强调，要汇聚学校和学科优势资源，集中优势兵力打"攻坚战"。一是强调目标意识，必须对标对表科学技术部"四个一流"（一流人才、一流条件、一流成果、一流管理）工程中心的建设总要求和任务书工作内容，高质量完成学校第一个国家级科技创新平台的组建任务。二是强调团队意识，以组建管理机构为抓手进一步加强团队建设，不断完善专职管理队伍、专职研发队伍、工程技术委员会建设，为花卉中心的建设运行把好行进方向，提供人力资源保障。三是强调阵地意识，统筹落实花卉中心实验室和研发基地的建设空间和项目，不断夯实和完善花卉中心的创新条件。四是强调创新意识，狠抓标志性成果培育，持续提升花卉中心和园林植物与观赏园艺学科的综合实力。五是强调引领意识，注重对外交流与合作，不断推进花卉中心与全国花卉主产区优势企事业单位的协同创新，持续扩大花卉中心行业影响力。六是强调规范意识，要建章立制，持续完善工作流程标准，不断推进花卉中心治理体系和治理能力现代化建设。

花卉中心定位于品种和技术创新，服务于生态文明、美丽中国、健康人居建设和乡村振兴等国家发展需求以及国家花卉产业升级和行业技术进步，"创新"是花卉中心一切工作的主题和核心。尹伟伦精确瞄准这一"靶心"，提出了聚焦花卉产业链和创新链，打造花卉科技平台集群的思路和设想。

他指出，花卉中心应在分析花卉产业链的基础上，聚焦花卉品种创制、技术创新和上下游产业的衔接，注重源头的基础研发和产业末端的转化应用，更加优化资源配置，布局相应的科技平台建设工作，逐步搭建起花卉实验室、研发（中试）基地、产业联盟、质量控制以及文化传承相结合的政、产、学、研、用协同创新和成果转化平台体系，不断完善花卉科技"大平台"架构。架构主要应包括以下6个部分：

一是实验技术平台。包括花卉种质创新与分子育种北京市重点实验室（依托北京林业大学园林植物与观赏园艺国家重点学科，在花卉中心实验室基础上组建而成，于2013年经北京市科学技术委员会批准建设，2016年评估结果为"优秀"）、城乡生态环境北京实验室（由北京林业大学牵头，北京农学院、北京市园林绿化局、海淀区园林绿化局、北京市园林科学研究院、北京植物园、北京林大林业科技股份有限公司、北林地景规划设计院股份有限公司等为协同单位）、林木、花卉遗传育种教育部重点实验室（与林木育种国家重点学科共建）3个省部级重点实验室，重点开展花卉基础和应用基础研究及理论创新。

二是研发基地。包括1个北京市育种创新基地和3个国家花卉种质资源库，即梅品种国际登录精品园（简称"鹫峰国际梅园"，是梅花国家花卉种质资源库）、小汤山基地（榆叶梅国家花卉种质资源库、北京市花卉育种研发创新示范基地）、将乐基地（紫薇国家花卉种质资源库）、鄢陵基地（与林木育种国家工程实验室共建的北京林业大学鄢陵创新中心，"鄢陵模式"于2016年被教育部评为"中国高校产学研科技合作十大推荐案例"）以及花卉中心的40多个研发推广基地，重点开展花卉种质资源收集和创新、新品种培育、标准化栽培等研究与示范工作。

三是工程技术中试熟化平台。包括花卉中心和园林环境教育部工程研究中心（依托北京林业大学风景园林一级学科，研究方向为花卉资源收集与开发利用，2018年评估结果为"优秀"），主要负责技术成果中试熟化和转化应用。

四是协同创新与成果转化平台。是国家花卉产业技术创新战略联盟（科学技术部，81家理事单位，连续4年被评为科学技术部"高活跃度联盟"和"A级活跃度联盟"）、北京国佳花卉产业技术创新战略联盟（北京市民政局，2016年获首都创新大联盟产业贡献奖）、花卉产业国家创新联盟（国家林业和草原局，连续3年获评国家林业和草原局"高活跃度联盟"）理事长单位，以及农业食品领域国家工程技术研究中心协同创新战略联盟（科学技术部）、广东兰花产业技术创新联盟、生态园林产业技术创新战略联盟副理事长单位等，致力于协同创新和成果快速转化应用。

五是质量控制平台。筹建国家林业和草原局花卉产品质量检验检测中心（北京），进一步规范花卉产品质量标准体系和产品质量认证体系建设，提升行业产品品质。

六是注重花文化传承。把弘扬传统优秀花卉文化作为花卉中心的重要责任和一项重点工作，连续10年举办的"鹫峰梅花科普活动"持续大力弘扬梅花精神，已经成为北京市中小学生科普教育的品牌活动，影响力辐射至上海、河北、内蒙古等地。充分发挥北京林业大学作为"传统插花"国家级非物质文化遗产传承单位的平台优势和载体作用，中国插花花艺协会共同成功举办两届全国插花花艺职业技能竞赛，搭建起弘扬中国传统花文化、培养大众花卉审美的重要平台。

在尹伟伦的指导部署下，花卉中心不断取得新突破、新进展。组建期间，花卉中心共获得2项国家科学技术进步奖二等奖（其中尹伟伦主持

1项）。2008年，花卉中心顺利通过科技部组织的验收评估，标志着北京林业大学建校以来第一个国家级科技创新平台顺利组建完成。依托花卉中心建设，北京林业大学组建起国家林业和草原局科技创新团队1个、北京市花卉育种研发创新团队6个。2018年，以花卉中心为建设主体的"国家创新人才培养示范基地"入选科技部"创新人才推进计划"，为北京林业大学进一步夯实"北林花卉"这一特色学术品牌奠定了坚实基础，为提升学校核心竞争力、国际影响力和综合实力提供了坚强支撑。

（二）林木育种国家工程实验室

尹伟伦担任北京林业大学校长期间，还主导了学校第二个国家级科技创新平台——林木育种国家工程实验室的创建。时任校长的尹伟伦高屋建瓴地指出，建设高水平国家级林木育种科技平台对于促进我国林木育种科技进步、推动北京林业大学林学与森林生物学等多学科发展的意义重大。2007年6月开始，尹伟伦开始组织各方面的专家研讨，凝聚学校相关学科优势资源，组织筹建依托北京林业大学的我国第一个林木育种国家工程实验室。2008年3月，尹伟伦亲自开始组织实验室申报，多次与国家发展和改革委员会、科学技术部、教育部、国家林业局等上级部门的沟通以获得支持，代表学校亲自参加了实验室的申报答辩，为实验室的成功申报作出了决定性贡献。

2008年10月23日，林木育种国家工程实验室获得批准，尹伟伦一直担任实验室学术委员会主任，指出以"面向国家重大需求，引领育种行业技术发展"为实验室建设宗旨，在学术梯队建设、研究方向凝练等方面给予具体指导，同时亲自带领团队开展林木逆境生物学基础与应用研究，极大增强了实验室科学研究、人才培养和社会服务能力。他多次在实验室学术年会上做院士讲座，指导和鼓励研究育种的青年科技工作者和学生，在国家林业建设中贡献自己的力量（图3-9）。

2014年1月，在尹伟伦的指导下林木育种国家工程实验室顺利通过验收。通过扎实有效的总结和汇报，专家组认为实验室定位准确、目标集中、重点突出、队伍稳定，建设任务全面完成，成效显著，一致同意实验室以"优秀"的成绩通过验收。随后，在尹伟伦的指导下，林木育种国家工程实验室围绕林木育种关键理论与技术突破、良种选育与高效繁育推广等领域开展科研攻关，成果显著，为国家林业建设作出了重要贡献。

为促成实验室升级，纳入国家工程研究中心新序列管理，2021年9月，尹伟伦组织领域知名专家开展咨询论证，围绕新时代国家战略与重大

图 3-9　2016 年，尹伟伦在林木育种国家工程实验室学术年会上做大会报告（刘超 供图）

生态工程建设需求，以服务全球气候变化、生态系统修复、乡村振兴、碳中和等前沿领域为突破口，科学合理开展国家工程研究中心研究方向优化调整，将林木育种国家工程实验室优化调整为"林木育种与生态修复国家工程研究中心"，形成建设方案上报教育部和国家发展和改革委员会，成功通过优化整合，纳入新序列管理，开启了林木育种与生态修复国家工程研究中心的发展新篇章。

第二节

优化学科体系，重基强特

学科是大学的最基本元素，是教学、科研、师资等实力的集中反映，学科水平直接影响一所大学的办学水平。学科建设水平是衡量一所大学办学好坏的主要标志，尤其对于行业特色型大学而言，学科建设更是学校办学理念、办学思想的具体体现，是事关学校发展全局的大事。

尹伟伦认为，学科建设是学校发展的根本，加强学科建设，提高学科人才培养和科技创新能力，是建设现代化高等学校的首要任务。在工作中，他始终把提高对学科建设的认识水平、转变思想观念放在首位，坚持立足高平台、厚基础，大力加强学科建设，以学科"大发展"带动学校整体办学水平"大提升"。在尹伟伦的领导下，全校上下有了统一的思想和认识，大家心往一处想，劲往一处使，提升了学科建设自主性与积极性，使学科建设呈现出良好的发展势头。

一、学科建设思想

（一）重视基础学科建设

习近平总书记强调，当前我国面临的很多"卡脖子"技术问题，根源是基础理论研究跟不上。要加强基础理科拔尖学生培养，造就未来杰出的自然科学家，必须狠抓高校的基础学科建设。自担任校领导以来，尹伟伦就始终高度重视基础学科建设发展，他认为高等教育要提高质量，强化基础学科建设，厚植学校学术根基是根本前提，必须与时俱进、主动布局，积极推动学院布局的"改老、扶优、增新"。

在20世纪90年代，他就强调，培养面向21世纪的林业高级人才，需要有宽厚的数理化及生物科学、环境科学方面的基础知识，才能使人才具备生存、创新、竞争和发展的综合素质与能力。2005年，他撰写纪念北京林学院首任院长李相符同志诞辰100周年的文章，指出要坚持注重学科间的协调性，借助优势专业的辐射力和影响力，积极新增与特色专业相关的符合时代发展的新兴专业，从而使北林在面对强校林立的竞争态势中，保持良好的发展势头，为国家输送知识面宽、基础扎实、实践能力强、综合素质高的北林创新特色人才。对林业高校而言，此举也能使其保持良好的发展势头，进一步巩固在行业中的地位和声誉。

作为北京林业大学校长，他着眼优化学科布局、夯实基础学科根基，主动借鉴世界一流大学学科建设的先进经验，狠抓对全校发挥支撑作用的生物学、信息科学、数理学科等基础学科建设。在他的积极推动下，经学校研究决策，北京林业大学1997年组建成立了生物科学与技术学院。生物学院自成立以来，坚持定位为基础科学研究与教学型学院，加强生物学国家理科基础研究与教学人才培养基地建设，突出森林生物学特色，将原有学科优势由植物学扩增至动物学、微生物学、生物化学与分子生物学、遗传育种学和生物物理学，使其向全面的生物学方向发展，打造农林高等教育基础学科人才培养的创新试验田。

在他的大力倡导和积极推动下，北京林业大学立足行业发展新需求，从2001年开始，陆续组建了一批新学院，加强信息科学、计算机、数学、物理、化学等基础学科的人才培养。主动对接信息化学术发展方向，在原计算机中心的基础上成立信息学院。立足筑牢数理学科基础，开辟新的学科领域，将公共基础部拓展为基础科学与技术学院，后又更名为理学院。主动服务生态建设和环境保护需求，将资源与环境学院变更为林学院，增设自然保护区学院、环境科学与工程学院等。经过如此大刀阔斧的改革，北京林业大学的学科体系更加丰富，院系设置更加完善，既进一步彰显了办学特色，又带动了相关应用学科的基础理论创新，学校整体办学格局得到极大提升，进一步夯实了向多科性大学转型的学术根基，成为北京林业大学主动布局新兴前沿学科发展的亮点。

尹伟伦在专业设置、教学改革、科学研究等多方面给了新组建学院大力支持，要求其以质量为第一标准，加强基础课程建设，深化本科和研究生的基础课程教学改革，结合学校不同专业类别需求，大力拓展基础课程的深度和广度，更好地服务支撑学校人才培养工作。实践证明，这些学院不仅进一步推动了学校人才培养工作提质增效，也在主动服务学校发展大局中得到持续发展壮大，如今已经成为北京林业大学学科体系的重要组成部分。

在尹伟伦的倡导部署下，北京林业大学上下通过21世纪前10年的努力，学院专业数量进一步增加，办学结构进一步优化，形成了传统优势、新兴特色专业互补的新局面，构建了以林学、环境科学、生物学、林业工程学为特色，多学科交叉渗透、各专业协调发展，理、工、文、管、经、法、艺相结合的办学格局。

2016年，习近平总书记在主持召开中央全面深化改革委员会第二十四次会议时强调，要全方位谋划基础学科人才培养，科学确定人才培养规模，优化结构布局，在选拔、培养、评价、使用、保障等方面进行体系化、链条式设计，大力培养造就一大批国家创新发展急需的基础研究人才。当前，"十四五"建设全面开启，高等教育进入高质量发展的新阶段。在这样的背景下，林业高校更要紧紧瞄准科技前沿和关键领域，更加重视基础学科的建设，更深入全面地实施基础学科建强计划，提升基础学科的基础深度和应用广度，进一步打破学科专业壁垒，用好学科交叉融合的"催化剂"，加快基础学科与林业高校的林学、风景园林学、草学、农林经济等特色优势学科的交叉融合，持续调整升级现有学科专业体系，进一步提升基础学科培养能力和原始创新能力。

（二）提前规划系统改革

尹伟伦认为，规划改革是学科进一步建设发展的蓝图与基础。在推动北京林业大学学科建设的工作中，他始终注重发挥规划与改革的作用，实现了应时而动、顺势而为。

2000年，在尹伟伦的倡导下，北京林业大学各学科自下而上地制定了发展规划，并结合教育部重点学科的申报工作和学校实际情况，于2001年完成了《北京林业大学学科建设"十五"规划》。该规划立足学校特色优势，根据学校各学科发展现状与未来方向，以拓展和优化学科结构为目标，构建起全新的学科建设模式，并设计了10项建设工程（杰出人才建设工程，实验室建设工程，产学研基地建设工程，研究生培养综合环境建设工程，研究生工作室和宿舍建设工程，博士后培养工程，学术交流工程，科研创新激励工程，学科常规建设工程，新兴、交叉、边缘学科发展工程），进一步明确了在加强学科建设上，学校队伍建设、平台建设、学术交流、科研激励、校园环境建设等工作应提供的业务服务和资源支持，做到"有所为，有所不为"，为学科建设在校内铺平了道路。

实践证明，这些工作也进一步推动了学科建设发展。北京林业大学后续的多个学科建设规划均以此规划为蓝本，为加强学科建设提供了更多保证。

（三）建章立制健全体系

尹伟伦认为，规划只是蓝图，要想真正实现相关规划"好用、管用、实用"的目标，高校要切实把学科建设作为改革发展的基础工程和核心任务，从顶层给予更多重视，加强体系设计。

从1993年担任北京林业大学副校长开始，他始终把提高对学科建设的认识水平、转变思想观念放在首位，在尹伟伦的领导下，全校上下统一了对学科建设的认识和重视。在他的推动下，2002年，北京林业大学成立了以主要校领导和专家组成的学科建设委员会，组织制定和完善了学科建设委员会章程、学科建设管理办法、"211工程"二期建设项目管理办法与程序、学科建设与师资队伍规划、二级学科建设规划等一系列学科建设管理文件、学科建设自我评估等制度。

学科建设委员会的成立及其指导监督作用让北京林业大学学科建设进一步朝着规范化、制度化和体系化的方向发展，学科间发展更加协调，学科发展资源也更加优厚，与政府、科研机构和企业间的合作日益频繁密切。同时，学校宏观管理服务能力得到进一步增强，各院系进行学科建设的自主性与积极性也得到了极大提高，北京林业大学学科建设发展整体呈现良好势头。

（四）增加投入强化平台

如何科学管理好学科建设经费，使有限的资金发挥最大效益，真正用到学科发展的所需之处、必需之处，是摆在学校、各学院和各学科面前的重要课题。尹伟伦坚持"有所重点为、有所非重点为"，在资源配置向重点建设领域、学科倾斜的同时整合学科，培育新学科增长点。

在他的建议部署下，北京林业大学经费重点向学科建设、队伍建设、重点实验室建设、基础实验室建设和公共服务体系建设等方面倾斜。在学科建设方面，以重点学科为核心，同时围绕生态环境建设整合现有学科，培育形成生态环境学科群、森林资源学科群、园林学科群、生物技术学科群、林产材料技术与装备学科群、经济管理学科群等六大特色鲜明的学科群，形成了以林学、生物学为特色的多学科体系。

通过以上措施的实施，北京林业大学学科结构与学科体系进一步优化，传统优势学科的实力和水平明显提升，林学、风景园林等学科在全国乃至世界的地位稳步向前，林学一级学科在2003年第一轮评估中获得满分，在历次一级学科评估中均排名第一。学校依托优势学科，建立起多个教育部重点实验室、教育部工程中心、国家林业局开放性重点实验室和北京市重点实验室等。很多新学科也呈现良好的发展趋势。北京林业大学承担国家重大科技项目能力显著增强，科研经费持续增加，科技创新能力不断提高，2008年步入"985工程优势学科创新平台"建设高校行列，也为研究生教育质量提高打下了坚实基础。

二、研究生教育

研究生教育是学科建设成果的体现，国家对林业研究生教育高度重视。1993年2月，国务院印发《中国教育改革和发展纲要》，提出"高等教育要走内涵发展为主的道路，使规模更加适当，结构更加合理，质量和效益明显提高。"我国《学位授予和人才培养学科目录设置与管理办法》明确规定，学科目录适用学士、硕士、博士的学位授予与人才培养。学科是研究生教育的依托平台和基本单位，研究生教育对学科建设有着强大的促进作用，两者有着天然的内在联系。

尹伟伦被任命为北京林业大学副校长之初便主管研究生教育工作，时间长达17年（1994—2010年）。随着国家对研究生招生政策的不断改革和完善，北京林业大学研究生招生类型、招生办法和培养方式都发生了新的变化。他在深刻理解党的十四届五中全会强调的"把加强农业放在发展国民经济的首位。要积极培育森林资源，大力发展农林牧业及加工业"和"科教兴国"重大战略的基础上，着眼于国家生态环境发展战略和社会经济可持续发展的需要，坚持"质量是生命线"的教育观，着力"深化改革，积极发展；分类指导，加强建设；注重创新，提高质量"，领导北京林业大学构建适应需求、结构合理、特色鲜明的研究生培养体系，学位与研究生教育工作各个方面均取得了长足进步与发展。

2000年6月，教育部批准北京林业大学试办研究生院（图3-10）。

图3-10　2000年，北京林业大学研究生院成立，尹伟伦（前排左五）任研究生院院长（程堂仁 供图）

图 3-11　2002 年 9 月，北京林业
大学研究生教育研究中心成立
（程堂仁 供图）

图 3-12　2004 年，尹伟伦代表北
京林业大学作研究生院转正评估答
辩（贾黎明 供图）

2002年9月，北京林业大学研究生教育研究中心成立（图3-11）。2003年6月，教育部在厦门大学召开试办研究生院的转正评估专家会（图3-12），尹伟伦代表学校汇报工作。2004年，北京林业大学研究生院成功通过验收，成为教育部批准设置研究生院的56所大学之一，更是林业院校中唯一一所建立研究生院的学校，成为其从教学型向教学研究型大学转变的一个重要标志。

　　成立研究生院是学校学位与研究生教育发展进程中的重要里程碑，是学校综合实力的体现。研究生院在成立后，贯彻"面向学院，面向学科，面向导师，面向学生"的"四个面向"工作方针，使学校研究生教育继续向以"结构优化、提高质量"为主的内涵发展转变，为凝练学科方向、汇

图3-13 2005年，
北京林业大学研
究生院集体合影
（马履一 供图）

聚人才、增强科技创新提供了更好的平台（图3-13）。

（一）重视规划明确思路

尹伟伦强调，研究生教育发展一定要坚持规划先行、谋定而动，以规划的高起点、高水平保障研究生教育的高标准、高质量。

在这一思想的指导下，2000年研究生院建院之初，北京林业大学就出台了《研究生教育改革与发展规划》，分析了当时学校的研究生教育状况，提出了2000—2010年的建设目标，设计了21个建设项目，这些项目的实施对学校研究生教育起到了重要促进作用。2003年，推出十大"研究生教育创新工程"（研究生生源扩展、研究生教育资源开发、研究生自选课题资助、优秀博士论文建设、研究生访学与学术交流、研究生教学平台建设、硕士专业学位建设、数字化研究生院建设、学位与研究生教育研究、国内外研究生教育合作等）（图3-14、图3-15)，其方案设计及建设成果当时在国内高校中受到广泛关注。2006年，制定了北京林业大学《研究生教育"十一五"发展规划》，对学位与研究生教育的管理模式、培养模式、生源质量、条件建设、学风建设、学术氛围、学科建设、课程体系、实践教学体系、质量保障体系等方面进行规划，进一步促进学校研究生教育事业迈上了新的台阶。2010年，制定了《研究生教育"十二五"发展规划》，以"十大体系"、50个建设项目为措施和手段，全面提高了学校研究生教育质量。

（二）建立系统管理体系

在尹伟伦的部署下，北京林业大学建立起了系统全面的各级各类研究

图 3-14 2006 年，尹伟伦代表北京林业大学与美国托力多大学签署协议(李香云 供图)

图 3-15 2006 年，尹伟伦代表北京林业大学与捷克农业大学签订合作协议(李香云 供图)

生培养管理机构，构建起校院共管的两级管理体系。

北京林业大学在学位评定委员会、导师遴选委员会等机构的基础上，相继成立了研究生教学指导委员会、学位评定分委员会、优秀博士论文评选委员会、专业学位教育管理领导小组和教育指导专家小组等机构（图3-16）。2005年，理顺了研究生管理机构，全面启动研究生教育两级管理改革，增设了一大批管理岗位，同时加大了管理经费投入，构建起校院共管的两级管理模式。2008年，调整优化研究生教育结构，进行了研究生培养机制改

图 3-16　2009 年，尹伟伦（中）主持校学位评定委员会、学术委员会联席会（李香云 供图）

革，实行以科研为中心的导师负责制和资助制，加大研究生教育投入，统筹配置学校资源构建动态管理的研究生奖助体系。

实践证明，这些举措在学位评定及质量检查评估、培养方案修订和制定、教学改革建设项目的遴选和审定、教学督导、专业学位研究生教育管理及指导等重点方面和关键环节发挥了重大作用，进一步完善了研究生教育质量长效保障机制和内在激励机制，有效促进了北京林业大学研究生教育健康持续发展。

（三）管理制度随时而新

新中国成立后，尤其是改革开放以来，我国研究生教育取得了极大发展。为使研究生教育更好地满足服务国家经济社会发展需求，为社会主义现代化建设培养更多优质人才，国家层面几次对研究生管理制度进行了调整。尹伟伦认为，研究生教育是一个复杂的系统工程，必须要在严格对标上位要求的基础上，建立起一套标准的、行之有效且因时而新的管理规章制度，作为开展研究生教育的基本保障。

1980 年，《中华人民共和国学位条例》颁布后，北京林业大学逐步建立健全了 22 项研究生管理规章制度。尹伟伦自从开始主管研究生教育工作便高度重视研究生管理制度建设。在他的指导下，1996 年和 2000 年，北京林业大学对原有规章制度进行了全面修订，共涵盖研究生院职责范围、工作流程、复试录取、学籍管理、导师遴选、奖学金评定、社会实践等 52

项。2004年担任北京林业大学校长后，他主持制定了《研究生管理体制改革实施细则》《研究生培养机制改革试行方案》以及相关配套管理规章制度，对学位授予工作实施细则、隐名送审评阅办法、同等学力申请博士学位实施细则以及关于教学管理及事故处理、学术问题处理、中期考核淘汰等一系列规章制度，使北京林业大学研究生基本建立起完备的研究生教育管理体系，也体现了尹伟伦在新形势下对研究生教育规律深层次的理解和诠释。

（四）构建创新培养体系

基于新增学科点较多、培养规模不断扩大等新情况，尹伟伦提出"以新应新"的建设思路，主张聚焦培养方案制定和修订、课程教学大纲编写和修订、研究生教学改革和课程建设、研究生教学管理等多个研究生培养的重要环节创新方法路径，不断提升研究生培养体系的效度和力度，以适应发展要求。

在他的指导下，北京林业大学2001年设立了研究生自选课题资助基金，以培养研究生从选题立项到成果总结的系统科研与创新能力。2003年和2009年，两次设立"研究生教学改革创新项目"，提高教师在研究生教育领域的参与度和积极性，累计出版40多部研究生教学用书。2002年起，搭建起创新公共基础教学平台、创新实践教学平台、创新专业理论教学平台等三大研究生创新教学平台，进一步提升学校整体研究生培养水平。2006年，承办"林业及生态建设领域相关学科"全国博士生学术论坛，同年成功申请教育部研究生教育创新项目"林学及相关学科研究生实验教学和科研创新中心"，学校大型仪器设备条件及使用水平均大幅度提

图3-17　尹伟伦（右一）在实验室指导研究生（尹伟伦供图）

图3-18　2007年，尹伟伦在日本早稻田大学与留学生交流（尹伟伦 供图）

高，使北京林业大学研究生实验教学水平在全国农林院校中位居前列（图3-17）。2009年起，开始组织国内外学术交流项目，进一步扩大了北京林业大学研究生在国内外的学术影响力（图3-18），让研究生教育成为北京林业大学人才培养工作的重要名片。一系列创新举措的实施，不仅在全校范围内营造了崇尚科学、积极进取、勇于创新的学术氛围，更进一步提升了北京林业大学研究生教育水平。2007年，北京林业大学入选北京市"产学研联合培养研究生基地"。

（五）强化过程质量管理

尹伟伦指出，实践决定结果，结果源于过程，研究生教育质量与培养过程密切相关，对研究生教育质量的重视必须贯穿研究生招生、培养到学位授予的全过程。

在这一思想的指导下，北京林业大学立足国家相关制度要求，在积极扩大研究生招生规模的同时，不断推进研究生招生考试改革。2002年，建立了学科导师集体把关的博士学位论文预答辩制度（图3-19）、隐名送审制度和严格的答辩制度等"过三关"质量监控体系。同年开始提高研究生论文发表的质量和数量要求，相关规定于2009年进行了修订，要求进一步提高。2005年，建立"爱林校长奖学金"以吸引校内外优秀本科毕业生推荐免试攻读研究生，并开始实施研究生课程教学质量网上评价工作。2006年，推进复试制度改革。2008年，实行研究生培养机制改革，在培养过程中编制《硕士研究生必修环节记录本》《博士生综合考试记录档案》，确保必修环节考核真正落到实处。2009年，开始聘用研究生教育督导，对培

图3-19　2015年，尹伟伦（左一）指导兰小中（右一）博士学位预答辩（刘超 供图）

图3-20　2015年，尹伟伦参与博士研究生学位论文答辩（刘超 供图）

图 3-21　2005 年，尹伟伦（左三）与段碧华博士研究生（左四）及答辩委员合影
（夏新莉 供图）

图 3-22　2014 年，博士学位答辩后尹伟伦（右四）与博士研究生和答辩委员合影
（刘超 供图）

养过程的各个环节进行监督指导，同时建立学科教师互听课制度。

通过一系列举措，北京林业大学全面建立起研究生、督导和学科教师等多元质量监控体系，研究生培养过程管理得到进一步强化，人才培养质量显著增强，研究生招生规模、质量及在校期间发表论文的数量和质量均得到大幅提高（图3-20～图3-22）。

（六）加强导师队伍建设

尹伟伦强调，在研究生教育中，最具关键作用的是研究生导师。导师是研究生培养的第一责任人。研究生导师要"既做学业导师又做人生导师"，在工作中坚持以身作则，时刻牢记科学家精神和育人使命，积极引导学生们树立正确的世界观、人生观、价值观，进一步增强其"强国有我、不负时代"的责任感、使命感，培养德才兼备、可堪大任的时代新人。

在这一思想的指导下，北京林业大学大力加强研究生导师遴选标准和招生资格审核制度建设，明确规定培养条件、培养能力和培养质量通过年度招生资格审核的导师才能获得招生资格。2002年，北京林业大学制定了《研究生导师培训暂行办法》，强调只有参加培训且考核通过者才具有招收研究生资格。同年12月，举办了首次导师培训，对1999年以来遴选出的166名研究生导师进行了培训与考核，培训内容主要包括国家研究生教育相关方针政策，以及导师职责，学科建设，研究生招生、培养、学位授予、德育教育等方面的具体规定。这一举措后作为研究生教育管理制度长期执行，构建起常态化研究生导师培训机制。2003年和2009年又分别召开了全校研究生导师培训会。这些举措进一步推动了研究生教学与导学模式改革，为北京林业大学研究生培养质量的全面提升奠定了基础。

1994—2010年，在尹伟伦主管北京林业大学研究生教育的17年中，学校构建起适应需求、结构合理和特色鲜明的研究生培养体系，学位与研究生教育工作各个方面均取得了长足的发展，研究生培养质量逐年提高。

从学位授权点规模上看，1994年，北京林业大学仅有8个博士学位授权点，15个硕士学位授权点，2010年时已有一级学科博士学位授权点9个，博士点35个，硕士点73个；1994年时还没有专业学位类型，到2010年已有11种专业学位类型和18个专业领域，专业学位已成为与学术型学位并列、同等重要的学位类型。

从行业地位上看，当时，北京林业大学是林业院校中唯一一所建立研究生院的学校。北京林业大学成为中国研究生院院长联席会核心成员单位、北京市高教学会研究生教育研究会培养组组长单位、中国学位与研究生教育学会农林学科工作委员会副主任委员单位、全国林学学科评议组召集人单位、全国农业推广硕士教育指导委员会副秘书长单位、全国林业专业学位教育指导委员会秘书长单位、全国风景园林专业学位教育指导委员会秘书长单位。还配合国务院学位委员会办公室组织论证，在全国设立了风景园林硕士和林业硕士专业学位类型。

从人才规模上看，博士生导师从1994年的27人增加到2010年的183人，增长近7倍。博士研究生从1994年的20人增加到2010年的257人，增长12倍；硕士研究生从1994年的57人增加到2010年的1206人，增长21倍。

从人才培养质量上看，这期间北京林业大学共有5篇论文入选全国百篇优秀博士论文，5篇获优秀博士论文提名，在林业高校中名列第一，在农林院校中位于前列。在名校云集的北京市中有4篇论文入选北京市优秀博士论文（图3-23、图3-24）。研究生获"宝钢特等奖学金""全国林科十佳毕业生""梁希优秀学子奖"等奖项的人数在全国农林业院校中名列前茅，获国际风景园林与建筑设计大奖的人数在全国高校中遥遥领先。培养出了一批知识面宽广、专业基础扎实、有较强创新能力的高层次人才，研究生就业率始终保持在95%以上，为全国各高校、科研单位、生产管理单位争相录用，其中大多数成为林业战线的中坚力量（图3-25）。

图3-23　2002年，胡建军博士（左二）获优秀博士论文后与指导教师尹伟伦（左三）合影

图3-24　2011年，尹伟伦指导的学生论文被评为北京市优秀博士学位论文

图3-25　2010年，尹伟伦（前排右四）等北京林业大学领导欢送毕业生奔赴祖国各地

培养精英人才，专素并重

高校肩负着为党育人、为国育才的重要使命，坚持立德树人根本任务、主动对接国家重大需求、培养德智体美劳全面发展的社会主义建设者和接班人是高校极端重要的中心工作。尹伟伦担任北京林业大学校领导时期，我国高校急速扩招，素质教育全面推进，高等教育的定位和人才培养模式都处于转型之时。尹伟伦认为，行业特色型大学人才培养既要服务国家需求，又要立足行业特色，提出了行业特色型大学一流人才培养学术思想，对于林业高校不断强化五育并举、着力提升学生能力培养，都具有重要的指导和现实意义。

一、大众化教育培养精英人才

党和国家历来高度重视教育工作，改革开放后，更是将其提到了更高高度。党的十四大报告指出，"必须把教育摆在优先发展的战略地位""各级政府要增加教育投入"；党的十五大又提出"实施科教兴国战略和可持续发展战略"。时任国家主席江泽民在北京大学百年校庆上指出："我们的大学应该成为科教兴国的强大生力军。教育应与经济社会发展紧密结合，为现代化建设提供各类人才支持和知识贡献。"

1992年初，邓小平同志先后到武昌、深圳、珠海、上海等地视察，并发表"南方谈话"，积极肯定了改革开放和市场经济。同年10月，党的十四大正式确立社会主义市场经济体制，并确认以经济建设为中心的基本路线百年不变，这是新中国成立以来经济制度最重要的一次转变。大量国企开始推行改制，政府也开始精简人员，可接收大学生的岗位减少，于是1996年，国家开始了双向选择，自由择业的试点，到1998年大学生由国家分配工作的制度基本取消。同时，1992—1998年，由于国企改制、市场经济改革等原因，国内出现了大量失业人员。

为了解决经济和就业问题，也为了提升整体国民素质，1999年，教育部出台了《面向21世纪教育振兴行动计划》，提出到2010年，我国高等教育毛入学率将达到适龄青年的15%。高校扩招轰轰烈烈地拉开了序幕，高等教育也随之开始从原来的"精英教育"向"大众教育"转变。根据相关数据显示，1999年之前，高校扩招年均增长在8.5%左右，而按1999年当年统计，全国普通高校招生160万人，比1998年增加了52万人，增幅高达48%。尽管2008年后，教育部表示1999年开始的扩招过于急躁并开始逐渐控制扩招比例，但我国已然成为世界上高等教育规模最大的国家。

在这样的时代背景下，如何在高等教育步入"大众化教育"的新阶段，以精英拔尖人才培养带动整体教育质量提升，统筹推动高校人才培养规模和质量"双提升"，成为尹伟伦深入思考的关键核心办学问题。

尹伟伦认为，创新是大学发展的灵魂，行业特色型大学尤其要强化育人理念创新，将培养创新人才、打造大师级领军人物作为建设高水平大学的根本任务，致力于知识创新、技术创新、管理创新和培养创新型人才，打造拔尖创新人才的基地。要以改革精神不断完善与时俱进、对接需求的育人新理念，并将其创新运用于人才培养模式探索之中，培养适应经济社会发展需要的高素质创新型人才。

1996年开始，尹伟伦以北京林业大学获批全国林业高校中唯一生物学理科基地为契机，持续探索在大众化教育背景下培养行业拔尖创新人才的精英教育模式。他立足因材施教、分类培养，牵头组织开展注重森林生物学基础的拔尖创新型人才理科基地班模式探索（图3-26）。在他的主导和

图3-26 2004年，生物学理科基地学生评优表彰大会（主席台左四为尹伟伦）（程堂仁 供图）

图3-27　2005年，生物学理科基地中期验收（前排右二为尹伟伦）（程堂仁 供图）

推动下，生物学理科基地班按生物学一级学科的要求，突出基础森林生物学特色，凝练优化专业建设目标，加强人才培养模式的改革与实践，主动承担起为我国生物科学研究与高等教育培养高素质、高层次创新人才的重要使命（图3-27）。

他积极引导转变教育教学理念，突出厚基础、重创新、强能力导向，推动生物学专业教学内容和课程体系改革，提高教学内容的基础性、综合性和创新性，大力推动本硕联动培养，强化教学质量监控，培育凝练出一大批标志性教学成果，培育出近千名高素质生物学创新人才，实现了把握学术前沿与服务国家重大需求并重、科学研究与创新实践协同，达到了以高水平育人平台培养高质量优秀人才的目标。

在北京林业大学党委的领导支持下，尹伟伦带领相关人员持续丰富完善拔尖创新人才培养改革新举措，结合2007年启动的人才培养模式改革工程，在林学、水土保持、农林经济管理等优势学科中设立"梁希实验班"（图3-28）。该人才培养模式遵循"宽厚基础，张扬个性，明德至善，博学笃行"的新理念，按学科大类进行总体规划，以培养"宽口径、厚基础、强能力、显个性"的拔尖创新人才为目标，着力强化学生实践能力和创新能力的培养，培养过程注重知识、能力、素质的协调发展，充分体现科学素质和人文素养的相互渗透，突出通识教育与专业教育的有机融合，全面推进创新教育，为教育观念的变革和教学思想的更新发挥引领、示范和导向作用。

在尹伟伦和全校上下的共同努力下，北京林业大学先后形成了以森

图 3-28 2008 年，尹
伟伦为梁希班学生授课
（程堂仁 供图）

林生物学"理科基地班"和"梁希实验班"为代表的拔尖创新人才培养模式，有效带动全校各专业人才培养模式改革，推动学校办学办出特色、办出水平，对林业高等教育的人才培养模式起到了示范带动作用。其中"梁希实验班"注重学生全面发展，建立"集传授知识、能力培养、启发思维于一体"教育方法，人才培养成效突出，涌现出一批获得"全国先进班集体"等国家级荣誉的集体和"北京市优秀毕业生"的个人，读研深造率高达75%左右，成为学术创新后备人才培养的蓄水池。

二、专业教育与素质教育并重

如何坚持以育人为本，回归教育本质，遵循教育规律，多出拔尖人才、一流人才、创新人才，是尹伟伦担任北京林业大学校长以来持续思考和不断探索的重要课题。他认为，行业特色型大学人才培养应站在国家需求的高度，从行业特色出发，坚持专业教育与素质教育并重，在加强素质教育的基础上，强化专业教育，尤其是学术对学生知识、技术、价值观念的引领，提升学生创新能力和就业竞争力。他强调，在提高人才培养质量的过程中，要更加注重立足国情、林情、校情，潜移默化地培养学生的家国情怀，引导更多毕业生到祖国最需要的地方建功立业，真正将论文写在祖国大地上。

在实践中，他多次在全校工作会议上强调"育人为本、创新为魂"的办学理念，倡导全校上下应以培养合格学生和培育高学术水平师资队伍为己任，以提高学生创新能力和教师学术创新能力为基点，正确处理好通识教育和专业教育之间的关系，在学校扩招后继续保持优势和特色，提高教学质量。他在深刻分析社会高度科技化、人文环境技术化、科技纵深细微化、产业结构国际化对高校专业人才培养带来的新需求、新挑战的基础上，于1999—2010年，直接组织和推动北京林业大学对本科专业教学计划进行了3次大规模的修订（图3-29），逐步形成了具有北林特色的人才培养模式。其中，1999年版教学计划通过教育思想观念转变，突出了素质、知识和能力的综合培养，落实了"以学生为主体、以教师为主导"的教育

图3-29　2005年，尹伟伦代表学校做本科教学工作水平评估报告（程堂仁 供图）

图3-30　2005年，尹伟伦（左六）代表北京林业大学与湖北省林业局签订人才培养科技合作协议（李香云 供图）

观。2002年版教学计划重点加强基础，拓宽专业面，增加人文素质教育的课时量，建立起知识传授、能力培养、素质教育多维度融为一体、符合新世纪要求的人才培养模式。2007年版教学计划明确提出以"培养高质量、创新型人才"为中心，优化理论课程教学体系和实践课程教学体系，有效处理"三个矛盾"（大学的功能与社会需求之间的矛盾、基础课设置与高中阶段衔接的矛盾、精英教育与大众化教育之间的矛盾），以研究型教学为出发点，突出强化对学生创新精神和实践能力的分层次培养，构建新的课程体系。他积极推动"招生—培养—就业"联动机制的构建，与行业部门、地方政府等联合共建了一批资源共享的教学实习基地和就业实践基地（图3-30），有效完善了实践教学体系，进一步强化了对学生实践能力的培养。作为全国政协委员，尹伟伦在2009年全国政协会议上，就农林院校毕业生的就业困难问题（图3-31），提案建议给予毕业生到基层农林业科技推广站实践3年的就业岗位，把他们培养成具有实践经验的大学毕业生。多年来，北京林业大学毕业生就业率一直在90%以上，就业质量保持稳定。

尹伟伦注重将办学实践过程形成的育人思想加以总结。2010年，他专门撰文论述《关于创新素质的养成和大学生成才》。他强调，坚持知识、能力、素质三位一体，提升创新潜力。他指出，大学生既要重视知识学习，掌握学科前沿的知识，积累雄厚的知识储备；更要注重能力培养，

图 3-31　2009 年，尹伟伦在全国政协会议上接受中国网采访（尹伟伦 供图）

增强实践动手及组织协调、管理能力。他大声疾呼，大学生要坚持专业知识和全面发展并重，培养严谨的治学作风，做学习型人才，心怀祖国，深入生活，磨砺意志，躬身实践。总之，尹伟伦这一系列教育理念和育人思想，对于林业高校不断强化五育并举，着力提升学生能力建设，都具有很重要的现实意义，值得我们在新形势下继续坚持和不断发展。

近年来，习近平总书记反复强调，建设一流大学，关键是要不断提高人才培养质量。我们要清醒地认识到，北京林业大学的人才培养质量距离国家发展的需求还有一定的差距，学校人才培养改革任重而道远。面向未来，作为林业高校排头兵的北京林业大学，要将自身发展的小逻辑融入服务国家经济社会发展的大逻辑，始终想国家之所想、急国家之所急、应国家之所需，抓住全面提高人才培养能力这个重点，坚持把立德树人作为根本任务，通过素质教育与专业教育的深度融合创新，着力培养担当民族复兴大任的时代新人，走好创新人才自主培养之路（图3-32、图3-33）。

图 3-32 2006 年，尹伟伦为本科生授予学位（李香云 供图）

图 3-33 2011 年，毕业合影（刘超 供图）

第四节

培养拔尖师资，管育并行

大学之大，在于大师之大，在于学术之大。大学教师履行学术创新责任的落实，直接关系到高校学科建设的质量。但是受于各方面的局限，加上学科建设的长期性和成果的滞后性，2000年左右高校学科建设不同程度上存在"领导和教师普遍重视到天而无从立地"的突出问题，学科建设实际上被虚化，难以有所作为。为此，尹伟伦高度重视学科建设责任体系的构建，把握学术创新的内在逻辑，深入推动思想理念更新与实践探索相结合。

高素质师资是学校的第一资源，体现了尊重人才、以教师为本的管理思想。一支优秀的师资队伍是大学办学的第一要素和第一资源。

一、学科有学术，教授有责任

2004年，他就任校长之后，鲜明地提出"学科要有学术，教授要有责任"的新理念、新要求。他认为，高素质师资是学校的第一资源，而教授则是教师中的骨干，充分发挥教授在学科建设、学风建设、科学研究等方面的作用，是办好大学的重要保证。为此，他认为，大学建设应强调教授是办学的主体，要加强教授参与学校学术管理责任的落实，建立有利于学术创新、学术自主的制度。这一思想强调学术责任和学术创新是高校科学研究的生命线，突出了教师的学科管理责任，在一定程度上解决了学科建设空心化等问题。

2007年，北京林业大学启动学科和本科教研室一体化建设，对现有学科进行归类管理，建立学科建设教授负责制。具体而言，就是通过民主方式确定学科负责人和学科梯队，进行责任分解，确定学科发展目标和具体任务，实行负责人制度，年终进行民主评议。在此基础上还开展了职称评聘改革和滚动制的探索，实现了学术管理重心的下移。经过北京林业大学全校上下的努力，学校的学科数量和学科覆盖面都取得了突破性进展，国家重点学科建设由原有的4个一跃提高到2007年的10个（包括1个国家重点学科森林培育学科），学科总量从2004年的33个博士点和55个硕士点增加到2008年的35个博士点和73个硕士点，博士后流动站增加到5个。在此基础上，尹伟伦高度重视学术民主建设，强调在治学上要充分依靠学术委员会走"教授治学"的道路，在学校历史上开创校学术委员会主任通过民主投票产生，让教授在办学全过程中享有充分的知情权、参与权、重大学术问题的决策权和学术自由。这些制度的建立和措施的落实，既丰富完善了学校的民主决策管理体系，也有效调动了教师的积极性，促进了学科建设和学术发展，体现了尊重人才、以教师为本的管理思想。

为激发中青年骨干教师学术创新热情与活力，尹伟伦在2008年主导完成了优秀青年学术骨干破格提拔为教授的工作，坚持高标准、严把关的原则，将一批知识结构新、专业技术能力强、确有较高学术造诣、有较大发展后劲的青年教师提级聘任为教授，在全校教师中树立了专心学术的良好风气和激励导向。破格聘任人员中，有的后来以主持人身份获得国家科技三大奖励（国家自然科学奖、国家技术发明奖、国家科学技术进步奖），有的成为新世纪百千万人才国家级人选，有的因教学科研工作突出成为教学科研院长，起到良好的示范作用。

同时，尹伟伦十分重视学科队伍的结构优化，要求改善学科教师的知识结构和学缘结构，促进学科交叉融合。2009年，学校坚持以成果产出为导向，重新制定《北京林业大学教学科研奖励办法》，集中310万元对学校2006年以来具有标志性的重大教学科研成果和高水平论文予以奖励，有效激活教师教学科研积极性，产生了良好的激励效益。学校在2004—2010年，新获国家技术发明奖二等奖1项、国家科学技术进步奖二等奖4项，新增省部级奖励20多项，新增国家级科技平台3个，省部级实验平台数量达到22个。2009年科研项目合同经费和到位经费均超亿元，并主持"973计划项目"1项，实现了林业高校主持"973计划项目"零的突破。

二、培养教师拔尖人才

政以才立，国以才治，业以才兴，校以才强。尹伟伦始终坚持人才第一的观念，重视人才资源开发在学校发展中的基础性、战略性、决定性作用，领导北京林业大学在人才引进、培养管理、激励机制建立和团队整合等方面采取了一系列积极举措，使其学术队伍结构更加合理，科研能力和素质进一步提高，培养出一批在国际相关领域有影响力、在国内具有带头作用的科技创新团队，有力地提升了北京林业大学在国内乃至国际上的学术地位和社会声望。

（一）探索多种方式，多渠道引进高层次人才

在尹伟伦的指导下，北京林业大学人才引进坚持"招引结合"，进一步提高教师队伍水平，优化学缘结构。对于学科一般用人需求，面向国内外发布招聘信息，由各级学术委员会对应聘者进行筛选，有的应聘者还需要先进入博士后科研流动站，通过招聘考察期后才能定选，进一步保证新引进人才的质量。

对学科建设急需人才、行业知名教授或知名团队，坚持定点引进，为相关学科建设抬高起点。草业科学是环境工程建设和相关产业发展的重要领域，北京林业大学于1998年主动引进多位知名教授及优秀团队，使草业学科迅速崛起，在承担国家重大科研项目、产业化开发和高级人才培养上显示了强劲的发展潜力。2007年，团队引进生态环境保护领域顶尖人才，以此为基础成立了环境科学与工程学院，形成一支高水平的科研团队，使学校在该领域的科研水平与影响力飞快提升。

（二）多种形式培养，有力支持人才成长

1993年，北京林业大学启动了"131"人才培养工程，积极鼓励和支持青年教师出国进修、开展合作研究、参加学术会议和科技考察等，对业绩突出人才在职称评聘、福利社会待遇、住房待遇、学术交流机会和推荐学术兼职等诸多方面予以较大政策倾斜。设立"青年教师专项基金"用于青年教师培养，帮助他们尽快明确个人定位、找准发展方向、发掘创新潜力，加速完成与所在学科领域的融合，更快地使一批年轻学者脱颖而出。从1996年开始，北京林业大学每年从教育事业经费中拨出专款设立"人才培养资金"。2000年开始实施的"高层次创造性人才工程"是提高教师队伍整体素质、促进学科建设和发展的又一重要举措。该工程充分发挥了院士、资深学者和中青年学科带头人的作用，聘请在相关领域有名望的专家学者和有较多研究成果的学者做专题报告，使广大青年教师形成了以发展学科特色、促进学科建设、培养创新人才为核心发展研究生教育的共识，对研究生教育内涵有了更深刻的认识。

（三）明确学术方向，以骨干教师为核心发展创新团队

特色鲜明、紧跟科技发展前沿的学术研究方向，是学科稳定发展和研究生培养高质量发展的重要保障。为此，北京林业大学在尹伟伦的领导下聚焦国家建设发展需要，积极支持各学科在优势领域的科技创新和发

展，建立起一批以院士、学术带头人为核心，以中青年骨干教师为中坚力量的科技创新团队，围绕学科某一战略前沿方向进行基础理论和开发应用研究。大力支持骨干教师参与国家重要科技发展计划，申请国家级研究项目，以此带动各重要研究方向上科技创新和人才培养队伍的建设发展。

（四）建立激励机制，促进科技和教学的创新性探索

学校设立了"优秀教师教学和科研奖励基金"，对在教学和科研中取得优秀成果的教师给予奖励（图3-34）。改革分配制度，确定了不同学术岗位的津贴发放标准。为了鼓励青年教师在科研和研究生培养方面的探索性研究，学校设立了科学研究专项基金和人才培养专项课题，主要资助45岁以下的青年教师和管理工作者从事开创性的科学研究项目。在尹伟伦的主导下，北京林业大学打破了"论资排辈"的惯例，实行破格晋升教授、副教授的评聘工作，并将这部分指标单列，让优秀拔尖人才早出尽出，促进了学科建设可持续发展。2009年，学校出台了《北京林业大学教学科研奖励办法》，以成果产出为导向，集中经费对具有标志性的重大教学科研成果和高水平论文予以奖励，极大激发了科研人员的

图 3-34　2004 年，尹伟伦主持教学成果奖评审会（李香云 供图）

积极性和创造性。

（五）完善人才管理，建设学术队伍竞争发展机制

学校进一步改革教师管理模式，全面实行人事代理制度和人才派遣制度，建立相对稳定的骨干层和出入有序的流动层相结合的教师队伍管理模式和教师资源配置的有效机制。"以教师为本"，推进教师工作的制度建设。贯彻《中华人民共和国教师法》规定的义务和职责，规范教师资格认定、遴选任用、职务聘任、学习培训、流动调配、考核奖惩制度。强化教师工作的政策导向，积极推进师德建设制度化、科学化进程，研究制定科学合理的教师评价方法和指标体系，把师德作为教师工作考核和职务聘任的首要依据，坚决实行师德"一票否决制"。

在各项有效措施的保障下，教师队伍有了深刻变化，结构趋于合理，科研能力和素质有了明显增强。教师队伍发挥的重要作用和作出的杰出贡献，提升了北京林业大学在国内乃至国际上的学术地位和社会声望。在特色鲜明、优势突出的诸多学术方向上，发展了一批在国内相关领域具有带头作用、国际知名的科技创新团队，促进了学科建设和高层次人才的培养，奠定了我校研究生教育发展的重要基础。

三、抓好三支队伍

尹伟伦坚持"以人为本"，多次强调，学校办任何事情都要以教职员工和学生为本，育人工作要努力做到全方位育人，要以培育一流学生、一流师资队伍和一流管理队伍为目标。这一思想是高校建设以人为本的具体体现，也将学生的主体地位、教师的主导地位、管理队伍（指学工队伍和管理干部）的骨干地位有机统筹起来。

在一流学生培养上，他认为学生要以学为主，要从夯实专业基础、强化专业素养两个方面，不断提升自身服务社会的能力。大学生不仅要重视知识学习，掌握学科前沿的知识，积累雄厚的知识储备；更要注重能力培养，增强实践动手及组织协调、管理能力。大学生要坚持专业知识和全面发展并重，培养严谨的治学作风，做学习型人才，心怀祖国，深入生活，磨砺意志，躬身实践。

2005年，在北京林业大学"双代会"校长报告中，尹伟伦强调，全体教师必须进一步深入了解学生、服务学生、引导学生、教育学生，促进学生的全面自主发展，不断提高人才培养质量。

在一流师资队伍建设上，他坚持将高素质教师队伍作为学校工作的

"重中之重"，提出教师队伍要坚持以教为主，教育并举，推动教育教学持续创新发展。他的这一思想主要包括6个方面：①教师要树立创新、开放的教育思想，在保证教育质量和水平的基础上，尊重学生个性发展；②教师要遵循教育规律和科学发展规律，以培养文化素养好、应变能力强、综合素质高、具有奉献精神和创新能力的复合型、应用型人才为目标，建立起相应的培养教学模式；③教学要因材施教，以问题为本，以疑难为本，讲难点、讲前沿，传授学习技巧和方法，拓宽学生科学视野，培养其良好的学习习惯；④教师要坚持教学与科研相统一，以科学研究引领教学发展方向，把学科优势转化为人才培养优势；⑤要继承弘扬教书治学的优良传统，发扬爱岗敬业、勤勉育人的工作作风，确保高效履行育人职责，所教课程充分发挥育人功能；⑥确立"用好现有的人，留住关键的人，引进优秀的人，培养未来的人"的工作方针，大力引进优质人才，加强对人才队伍尤其是中青年教师能力的培养力度，为学校长远发展目标的实现提供人才资源保障。

与此同时，尹伟伦十分重视专业课程师资与基础课师资建设的统筹建设。他指出，专业课教师要持续加强基础课知识的学习，基础课教师要加强与专业课教师的沟通，实现双向融合，在借鉴交叉中拓展学术路径，创新学术思维，丰富研究内容。他亲自推动植物生理学的教学改革和科研研究，以及与基础物理学专业的融合，通过开展交叉复合培养，有效促进生物物理基础学科教师队伍的建设（图3-35～图3-38）。

图3-35　1986年，尹伟伦与植物生理教研室教师合影（张淑静 供图）

图 3-36 2007 年，尹
伟伦（前排左四）与
植物学科教师合影（夏
新莉 供图）

图 3-37 2009 年，尹
伟伦（后排右三）与
植物学科教师在北京前
门合影（夏新莉 供图）

图 3-38 2017 年，尹
伟伦（前排左二）与
植物生理教研室教师
合影（夏新莉 供图）

在实践中，尹伟伦积极推动以教师建设为主体的人才强校战略的落实，主导出台了进一步加强人才工作的意见，制定了关于高层次人才引进、"梁希学者"特聘教授等一系列重大举措和实施办法。在他的领导下，北京林业大学的人才工作从注重个体发展逐步向优先支持学科专业创新团队建设转变，建成林业院校中的首个教育部创新团队。进一步加大人才引进力度，2005—2010年，先后引进了三级教授以上的海内外高层次人才11名，新增中国工程院院士1名、长江学者特聘教授和讲座教授3名，师资队伍中具有博士学历的教师比例也从2004年的26.7%增加到2009年的49.66%。他还为中青年教师设立特聘教授制度，落实特聘教授的特殊岗位津贴待遇，实行优秀教师奖励计划，支持青年人才挑大梁、当主角。

在一流管理队伍建设上，尹伟伦立足"三全育人"的高度，注重强化管理队伍和学工队伍的育人功能。他指出，管理服务队伍是育人队伍的重要组成，要坚持精干、高效的原则，提升服务学生、服务教学科研的能力，既提升管理效益，又践行育人要求。在他担任校长期间，管理岗位补充严把进人质量关，突出综合素质要求，注重边用人、边锻炼、边培养，建设了一支高素质管理队伍，推动管理育人任务有效落实。

尹伟伦认为大学的思政教育，一方面，要注重对学生思想素质与个性心理品质的塑造培养，要通过强化多方面实践，培养学生"学林、爱林、护林"的志向意愿、勤奋奉献的奋斗精神和严谨求实的治实态度（图3-39）；另一方面，要给学生足够的自我发展空间，引导学生结合专业尽早参加科研创新活动，从单纯传授知识转向更加注重能力和学习方法的培养。他结合"三全育人"工作基本原理，指出管理队伍是育人队伍的重要组成部分，尤其要注重发挥育人功能，不断提升服务学生、服务教学科研的能力。学工队伍要既懂思政教育又懂业务管理，坚持以强化理想信念教育为切入点，结合学校特色，将思政育人与专业教育有效衔接，用高精尖创新学术思路，引领学生专业能力向前沿方向专深发展，引导学生打牢宽厚基础知识面。

尹伟伦这一系列立足学校实际、符合教育规律的思想和实践，不仅推动了当时的学校建设，也对未来发展有着很好的借鉴意义。

实践证明，我们需要在新的条件下，不断把握新的要求，抓好高素质教师队伍建设这项基础性工作，通过新的实践，对其进一步丰富和发展。特别是在新时代，加快建设扎根中国大地的世界一流林业大学的奋斗征程

天 道 酬 勤

尹伟伦

2006.10.10.

图 3-39　2006 年，尹伟伦给大学生的院士寄语"天道酬勤"（刘超 供图）

中，要强化教师作为立教之基、兴教之源的思想认识，认真贯彻落实习近平总书记关于高素质教师队伍建设的重要论述，狠抓思想政治建设、狠抓育人能力建设，构建全员全过程全方位育人大格局，引导全体教职工成为学生为学、为事、为人示范的"大先生"，为学校高质量发展提供高素质的人才队伍支撑。

第五节

深耕本科教学，宽径厚德

尹伟伦胸怀国之大者，心系国家林草和生态环境建设事业，始终坚持立德树人根本任务，坚持为党育人、为国育才，始终把培养绿色事业的建设者和接班人作为毕生信念。

他立足当下，又谋划长远；立足国情，也放眼世界，始终坚持中国特色和国际视野的育人标准。他坚持本科教育的基础地位、"以本为本"的教育思想不动摇；始终坚持德才兼备、以德为先、能力为重的育人理念不动摇；坚持因材施教、培养英才的教育理念不动摇。

他长期扎根一线教学，始终秉持师道，一直对自己高标准严要求。从普通教师，逐步成长为主管教学的大学副校长、常务副校长、校长，成为林业教育者，成为具有国际视野和国际影响力的生态保护与建设专家；他紧跟时代潮流，精准把脉经济、社会、科技发展需求，不断主动适应国家高等教育体制改革发展要求，理性分析不同阶段国内外林业行业的时代特征和发展特点，结合北京林业大学的办学特色、育人传承和学科优势，综合研判林业高等教育在各阶段面临的新形势、新任务和新趋势，不断总结提炼林业领军人才的成长特点和培养模式，超前谋划，科学布局，在森林资源类本科专业核心课程教学改革、专业大类人才培养教学体系构建、拔尖创新人才培养模式探索等方面不断研究、不断实践、不断总结、不断提升，逐步形成理念先进、体系完善、目标明确、与时俱进的尹伟伦林业教育思想，以培养有理想信念、有道德情操、有家国情怀的大国工匠、行业精英和学术领袖为特征的林业精英教育思想体系逐步成熟完善，持续影响和引领中国林业高等教育改革和高质量发展（图3-40、图3-41）。

尹伟伦的本科教育思想体系体现了开拓创新、锐意进取的改革精神，具有鲜明的时代特征和动态开放、兼容并蓄的特点，由点及面逐步形成并不断发展完善，并在全国林业高校形成辐射示范效应。主要体现在课堂教学、素质教育、通识教育、精英教育4个方面，"致广大而精细微"，用

图 3-40　2004 年，尹伟伦参加中外大学校长论坛（尹伟伦 供图）

图 3-41　2006 年，尹伟伦参加并主持第三届中外大学校长论坛（尹伟伦 供图）

心用情，用功用力，唯实惟先，善作善成。

尹伟伦强调，高等学校必须牢固树立育人为本的办学思想，坚持"以本为本"，必须坚持本科教育在学校"高于一切、重于一切、先于一切、优于一切"的中心思想。同时，他明确指出，为了适应21世纪林业可持续发展，肩负起"科教兴林"使命，需要培养大批复合型创新人才，必须增强质量意识，处理好素质教育与专业教育、素质教育与农林专科教育特色的关系，提高教育质量和加强素质教育是更新教育思想观念的两个重点。

一、课堂教学强基础

教学有法，教无定法，贵在得法。尹伟伦始终坚持课堂教学问题导向和学生能力培养目标导向，以课堂教学为抓手，精心设计、精细组织、精致呈现，通过教与学两个主体的互动促进教学相长，帮助学生进一步提升学习能力，形成系统思维，夯实专业基础。

（一）明确课程支撑作用，确立课程教学目标

植物生理学是种苗学、造林学、森林学、森林经理学、水土保持与荒漠化防治、园林植物与观赏园艺等学科的理论基础，是林学、草学、园艺、森保、水保、生物类等专业的重要专业基础课，也是相关专业研究生教育的重要学位课程。

从事"植物生理学"课程教学30余年，尹伟伦深刻地认识到，植物生理课涉及知识广泛、内容繁杂，尤其是一连串联动的生化反应过程和多种代谢途径间的复杂联系对学生而言难以掌握运用。如何让学生深入理解、

融会贯通、灵活运用，是课程教育的关键，必须在理解、弄通、做实上下足功夫。

他进一步明确应将让学生全面了解植物体内各种物质、能量的代谢过程以及各种生化物质相互转变的机理作为教学目标，在总结教育教学规律的基础上，不断凝练教学内容，理论联系实际，开展教学改革和实践创新，化繁为简，化难为易，创造性地建立了"植物生理学"课"一图一表教学法"，使学生进一步掌握植物生长发育规律，以及植物各种生命活动与环境条件的关系，为今后从事植物繁殖、栽培养护、抗逆植物材料筛选和新品种培育的研究与实践奠定理论基础。

（二）坚持能力培养导向，引领课程教改方向

尹伟伦强调，能力是衡量人才的重要指标。社会对人才的需求是多方面的，诸如学习能力、研究能力、实践能力、写作能力、表达能力等，但其中最基本的也是最重要的就是学习能力。有了学习能力，不仅能使学生掌握教师讲授的内容，而且能使学生具有不断丰富和完善自己知识的本领，以适应千变万化的实际工作需要。因此，学习能力的培养是人才培养的重要内容。

他提出，教师仅教给学生知识是远远不够的，更要进一步培养他们的学习能力，将学习能力的培养贯穿教育教学全过程。这也是他指导开展课程教学改革的重要方向之一。在教学组织和教学改革中（图3-42、图3-43），首先考虑的就是要使学生掌握学习方法和提升学习技能，要授

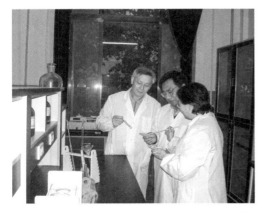

图3-42　2005年，尹伟伦（左一）与郑彩霞、刘玉军老师讨论本科生实验课程（夏新莉 供图）

图3-43　2008年，尹伟伦（右三）主持高等院校植物生理学实验教学研讨会（夏新莉 供图）

人以"鱼"，更要授人以"渔"。

体现在教学思想上，就是要处理好"教与学"的关系。教师和学生都必须破除"教师不教学生就不学""教师不讲学生就不会"传统观念壁垒，要在培养学生独立钻研掌握知识能力这一观点上达成共识。

体现在教学内容上，就是要解决"教什么"的问题。要改变原来的照本宣科式教学模式，转变为系统教重点、教难点、教前沿、教方法，尤其是学科前沿动态和最新进展，以及新方法、新成果、新理论、新概念等，更能激发学生的学习兴趣、拓宽其学术视野。

体现在教学方法上，就是要解决"怎么教"的问题。要将"使学生掌握学习方法、提升学习技能"作为教学组织和教学改革中的首要考虑因素，要从以传授知识为主的传统教学方式转变到"在培养能力的过程中引导学生掌握知识"的教学方式上来，加强学习方法指导和学生自学能力培养，多尝试启发式、互动式教学，进一步加强学生重点内容自我归纳和融会贯通训练，培养学生分析问题、解决问题的能力和主动获取更新知识的能力。

体现在教学效果上，就是要解决"学得好""用得上"的问题。要给学生创造更加多样的教学环节和实训机会，通过开展植物生理大实验、组织学生参与教师科研课题及大学生创新创业训练计划项目等学术科技竞赛等举措，为学生创造更加广阔的学习天地，不断提高学生动手能力，激发学习兴趣，促使他们变被动"要我学"到主动"我想学"，达成能力培养的目的。获取知识和学习能力培养贯穿教育教学全过程，这也是课程教学改革的重要方向。

（三）总结凝练教学经验，创建课程教改范例

在多年的教学工作中，尹伟伦始终把正确处理"教"与"学"的关系作为课堂教学组织和教学改革的根本目标，并在实际工作努力统筹处理好教师"教什么好""如何教好"和学生"学什么好""如何学好"，并将其作为开展教学改革的认识前提和思想基础。

早在20世纪80年代，他就在总结教育教学规律的基础上，不断凝练教学内容，详尽地总结梳理出"植物生理学"的重点内容，并不断化繁为简、化难为易，创建了"一图一表教学法"课程教学改革范例，引导学生把书本知识学活、用活，把复杂的问题简单化、条理化，提纲挈领、化繁为简，体现出系统思维和综合运用知识分析解决复杂实际问题的思想，既能有效巩固课堂所学，又能把分散孤立的知识融会贯通，拓宽思路和视

野，在总结中提高，在联系中重构。"一图一表教学法"一直沿用至今，也让青年教师受益匪浅，为课堂教学过程组织和教学改革提供了经典范例并指明了方向，为林业院校核心专业基础课程教学改革闯出了一条新路（图3-44、图3-45）。

"一图一表教学法"主要包括以下两个方面：

一方面是创建一图统揽代谢生理。植物代谢生理部分包含有大量的生化反应历程，许多繁杂的分子结构式组成了一连串联动的代谢循环，不好理解又难以记忆，这是学生学习代谢生理的一个难点。尹伟伦第一步将课堂学习进一步前置，要求学生在预习阶段强化记忆生化反应历程；第二步抽丝剥茧精讲各反应步骤中原子或原子团及能量转移的来龙去脉，使学生不仅知其然，而且理解其所以然；最后再将整个生化历程按其规律条理化，归纳成几条重要路径，使学生深刻领会每一条路径的原理和内涵，在理解的基础上实现记忆，即使偶尔遗忘了中间某个反应步骤，也可据其路径推导出来。实践证明，"理解—归纳—记忆"是学习生化反应历程的有效方法。

同时，代谢生理包括糖酵解、三羟酸循环、戊糖途径、无氧呼吸、卡尔文循环、光呼吸途径，以及糖、蛋白质、核酸、脂肪等有机物代谢等，诸多物质代谢途径在教材中只能以章节的形式分别呈现，而它们在植物体内是相互联系、相互交织、相互调控的。如何深刻认识和理解这些代谢途径间错综复杂的关系，是灵活运用植物生理知识解决实际问题的重要基本功，是学习代谢生理的另一个难点。尹伟伦在梳理把握各个生化历程规律的基础上，进一步明确引导学生自己动手、独立思维、归纳总结、融会贯通地找出各条代谢途径的内在

图 3-44 2017 年，尹伟伦在"植物生理学"课程教学（刘超 供图）

图 3-45 2015 年，尹伟伦现场指导学生开展植物生理学实验（刘超 供图）

图3-46　1989年和1997年，尹伟伦植物生理课程教学成果分获北京市高等教育局优秀教学成果奖、北京市普通高等学校教学成果二等奖

联系是高效系统掌握这些知识的关键所在。他创造性地提出绘制各种代谢途径联系图的方法：以糖酵解－三羧酸循环为主线，以各条代谢途径之间共同的中间产物及能量的供需关系为桥梁，把植物体内的全部代谢途径联系起来，并绘出植物体内各种主要物质和能量的代谢综合图。从某种意义上说，这也是系统掌握植物生理各种代谢的第一张权威思维导图。学生自行补充完善其细节，便于其全面系统掌握一套完整的综合代谢通路，从而直观地理解教材中分节论述的各个代谢历程在植物体内相互联系、相互影响的复杂调控网络，把书本知识活化为生命活动中的动态生化反应历程。

　　另一方面是构建一表总括环境生理。环境生理部分的特点是，但凡论述各种代谢机理，就必然涉及环境因子的影响，内容在教材设计中被碎片化地分散到各章节，不易掌握。有些环境因子对多种生理现象都有影响，存在"一因多效、一效多因"的情况，相互之间交叉干扰，容易混淆。尹伟伦认为，将教材中环境生理的内容归纳总结，将零散的知识系统化、规律化，是提高教与学两方面效果的有效途径。他创造性地采取列表对比法，绘制了环境因子对植物各种生理活动的影响汇总表，直观地反映出温度、水分是影响一切生理活动的最重要的环境因子，单一生理活动受哪些环境因子影响，单一环境因子影响哪些生理活动，甚至能够深刻理解多个环境因子变化综合影响生理活动的互作干扰效应，使学生一目了然，也最大程度地记忆、掌握、理解和运用相关知识，进一步从中得到新的启示。

　　尹伟伦在植物生理课程的教学改革及课程体系建设，1989年获北京市高等教育局优秀教学成果奖，1997年获北京市普通高等学校教学成果二等奖（图3-46）。

二、素质教育厚品德

20世纪90年代中后期，全球范围新科技革命如火如荼，知识经济初见端倪，国际竞争日益表现为激烈的人才竞争，传统的教育思想、教育观念、人才培养模式及专业设置已然不能适应新的时代要求。如何应对知识经济时代和世纪挑战，为国家输送高层次、高素质人才，是高等教育面临的新的历史重任和时代选择。开展大学生通识教育，培养知识、能力、素质全面发展的复合型人才，成为高等教育改革的热点，受到普遍关注。1999年6月，中共中央、国务院颁布了《关于深化教育改革全面推进素质教育的决定》，阐述了教育在综合国力形成中所处的基础地位，对进一步深化教育改革、全面推进素质教育进行了战略部署。

尹伟伦认为，推行通识教育，培养创新型人才，必须坚持知识养成、能力培养和素质提升的三位一体，将德育教育贯穿始终。他要求大学生既要重视知识学习，掌握学科前沿的知识，形成雄厚的知识储备；更要注重能力培养，增强实践动手及组织协调、管理能力，向提高综合素质方向发展。

（一）确立教学中心地位，树立全新教育观念

尹伟伦强调，人才培养是高校办学的根本任务，其质量关乎高校的生命线。在工作中，必须要突出教学的主体地位，具体要在7个方面提高认识：一是在人才培养与社会需求关系上，应进一步树立人才培养应主动服务于社会需求的思想；二是在基础教育与专业教育的关系上，应进一步树立强化基础、拓宽口径、增强人才适应性培养的思想；三是在知识传授与能力、素质培养的关系上，应进一步树立注重素质教育，融传授知识、培养能力、提高素质于一体，协调发展、综合提高的思想；四是在理论与实践的关系上，应进一步树立加强理论联系实际、强化实践教学、重视动手能力培养的思想；五是在教与学的关系上，应进一步树立以学生为主体，重视学习能力和创新精神培养的思想；六是在统一要求与个性发展的关系上，应进一步鼓励人才培养模式多样化、因材施教、促进个性发展的思想；七是在大学教育与终身教育的关系上，应进一步树立本科教育注重基础知识、基本素质和学习能力的培养，为终身学习和继续发展奠定基石的思想。

（二）深化德育教育引领，筑牢家国情怀根基

尹伟伦认为，教育不仅要重视学生理论学习和课外实践，更要重视对

学生思想品德的培养，做人、做事、做学问三者缺一不可。要将德育贯穿教育全过程，帮助学生进一步筑牢信仰之基、培养家国情怀。他强调，在教学工作中要重点培养学生以下5个方面的思想品质。

一是强烈的爱国心、报国志和社会责任感。培养社会主义建设者和接班人是高校的重责大任，这就要求高校在组织开展思想政治教育时，必须把学生爱国主义教育放在首位，让学生明白"为谁学""为何学"，才更能明白"怎么学"，才能自觉听党话、感党恩、跟党走，自觉坚持个人价值与社会价值相统一，从关爱他人、学会合作、热心公益等点滴小事做起，勇于担当、心怀祖国、无私奉献，将个人成长融入社会主义现代化建设的伟大征程中（图3-47），在轰轰烈烈的时代潮流中实现个人价值。

二是脚踏实地、严谨务实的作风。大学生有着年轻人独有的干事热情和创造活力，但同时也年轻气盛，容易毛躁冲动，取得成绩时容易产生"飘飘然"的心态，满足于眼前"小成绩"而忽略了之后的"大舞台"。

图 3-47 2003 年，尹伟伦检阅学生军训（程堂仁 供图）

因此，必须教育引导学生坚持"仰望星空"与"脚踏实地"的相统一，既要抬头看准"前面的路"，也要低头走好"眼前的路"，在工作生活中戒骄戒躁、高效务实，不断完善自我，取得更好成绩。

三是坚韧不拔、艰苦奋斗、追求卓越的精神。社会是历练人才的熔炉，要完成奋斗目标、实现人生价值，就必须要有过人的意志力、下得了卓绝的苦功夫。因此，在校园生活中，就要有意识地通过社会实践、社团活动、主题党团日活动等形式，进一步培养学生的坚毅品格和奋斗意志，让他们走上社会后经得起磨炼摔打，真正成长成才。

四是诚实守信的品格。"人无信不立"，在我国的传统道德观念中，诚信是处世立身之本，人们往往把是否诚信视为区分"君子"和"小人"的重要标准。诚信也是其他宽容、尊重等良好品质的基础，应是高校思想政治教育工作中的重要一环。高校应进一步加强诚信教育，强化诚信行为示范效应，不断健全完善诚信监督、评价和奖惩机制建设，让学生进一步树立诚信意识，健全完善人格，进入社会后能更好地洁身自守，耐得住寂寞、挡得住诱惑。

五是积极向上的心态。许多大学生从小被父母、老师捧在手心呵护备至，离乡求学后，环境和知识结构、学习方式的变化可能使部分学生一时间难以适从，容易产生消极情绪，如果排解不畅，极易产生心理问题。高校应进一步加强心理健康教育，帮助学生以正确的态度和方法对待困难挫

图 3-48　2006 年，尹伟伦参加教育部在德国举办的"21世纪中国高等教育展"向外国友人介绍北京林业大学
（尹伟伦 供图）

折，进一步提升其抗压能力、抗挫能力和心理承受能力，帮助他们顺利完成学业，进入社会后更好地"经风雨、见世面"。

（三）推进教育教学改革，注重能力素质培养

尹伟伦指出，素质教育要尤其重视学生获取知识、运用知识和创新的能力，要坚持因材施教，注重学生个性发展，着力培养"基础好、口径宽、素质高、能力强"的优质人才。因此，合理确定人才的知识、能力和素质结构成为他建立的全新人才培养模式的核心，也在他的力推下，成为北京林业大学1999年版、2002年版人才培养方案修订工作的基本指导思想。他力推的第二课堂、第二学位、跨校选修等创新模式进入新版人才培养方案，成为当时北京林业大学素质教育改革的亮点（图3-48）。

在课程体系设置方面，实行"基础+模块"模式，大力推进第二课堂素质教育进人才培养方案。北京林业大学确立起以质量为引领的"质量、结构、特色、效益"新八字办学方针，新版方案实行"基础+模块"模式，进一步加强基础教育，拓宽专业面，增加了科技与文化、市场与经济、环境与发展、人文与艺术、道德与伦理等素质教育课程，同时从2000年开始，将第二课堂素质教育纳入人才培养方案。2002年，开始制订第二课堂的教学计划，通过科学小组、艺术团、文化节、学术讲座、社会实践等形式组织开展形式多样的社团和志愿者活动，创建了"绿桥""母亲河行动"等一系列全国大学生实践活动，如今已成为北京林业大学的品牌活动，进一步丰富了高校的社会职能，使其成为弘扬生态文明的阵地。

在调整专业结构方面，优化专业结构，施行主辅修制。从1999年开始，北京林业大学以主动适应国家、行业发展和与人才市场需求为导向，以发展高新技术型学科专业和应用型学科专业为重点，增设了32个专业和方向，实施"三精一名"（精品专业、精品课程、精品教材和教学名师）工程，全面实行学分制、主辅修制和免听制，鼓励学有余力的学生利用课余和周末时间辅修计算机、外语及公共关系等第二学位，拓宽专业面，进一步提升就业竞争力。

在跨校选修工作方面，全力支持推动发起成立学院路高校教学共同体。1998年，北京林业大学发起成立学院路高校教学共同体，1999年有13所高校、3门公共选修课，到2005年发展为16所高校，开设了文学、艺术、美术、体育、环境、卫生、经济、管理、法学、生态、工程、信息、心理等学科领域近百门公共选修课，以及3个跨校公共辅修专业，实现"上一所大学、听多校课程"，学生可以和不同大学的师生同堂上课，实

现知识碰撞和文化互鉴。5年选课超过3万人次，近千人选读辅修专业。这种互聘教师、跨校选课、互认学分、攻读第二专业的教学共同体模式迅速得到北京、上海、大连、杭州等高校的借鉴并在全国推广，显现出强大的生命力和成长性，是素质教育时代教育改革显著特色和亮点之一，得到时任国务院副总理李岚清的重要批示和高度肯定。

三、通识培养宽口径

1992年联合国环境与发展大会后，全球规模的保护与发展森林资源、改善地球生态环境与促进社会经济可持续发展已成为人类共同关注的问题。世界林业经营方向也由此发生了重大转变，即从以木材生产为主转向以生态建设、环境保护为主，这是行业功能目标的根本转变，林业促进社会、经济、资源与环境协调发展的时代已经到来。同时，为实现"至本世纪末建立较先进的林业产业体系和较完备的生态工程体系"战略目标，相关专业的人才培养理念、目标、专业设置、培养方案等必须随之作出方向性重大调整。基于以上背景，1995年，尹伟伦领衔全国14所农林高校，共同开展森林资源类本科人才培养10年改革的研究与实践，并在应用中不断检验、总结、完善和提高。

尹伟伦提出，森林资源类本科人才培养方案、教学内容和课程体系改革是关系到21世纪林业高等教育发展的根本性问题，是林学专业办学的生命活力所在，需要从研究未来林业发展趋势对人才需求的标准入手，借鉴国内外的经验和历史教训，以课程体系、教学内容、教学方法的改革为抓手，以重构森林资源类本科人才培养新模式为重点，达到全面提高人才素质、知识和能力培养的目的。这也是森林资源大类培养方案研究与实践的根本指导思想。

尹伟伦明确提出，高校育人的最终目标就是学生竞争工作岗位的能力培养，这与大学办学思路高度契合，是宽口径培养本科人才的初衷，也是通识教育背景下高校教育教学改革的主攻方向和重要任务。

（一）加强中外比较研究，创新人才培养理念

尹伟伦带领课题组在研究国内外普通高等教育思想发展趋势的基础上，系统总结了我国近百年林业高等教育的历史成就和经验不足，调研了美国、加拿大、德国、日本、法国、英国、韩国、俄罗斯等10余个林业发达国家林业高等教育建设、改革和发展思路及人才培养经验（图3-49～图3-52）。重点研究了在我国林业行业功能目标转变、21世纪经济社会发

图 3-49 2007 年，尹伟伦任中国大学校长考察团团长，赴日韩参加中国国家教育行政学院高水平大学建设特别研修，在日本立命馆大学主持开讲式（尹伟伦 供图）

图 3-50 2007 年，尹伟伦任中国大学校长考察团团长考察日本东京大学时致辞（尹伟伦 供图）

图 3-51 2007 年，尹伟伦任中国大学校长考察团团长考察韩国教育开发院致辞（尹伟伦 供图）

图 3-52 2006 年，尹伟伦率团赴埃及大学进行考察交流（尹伟伦 供图）

展呈现多学科交叉融合的大背景下，森林资源科技发展趋势及行业对教育改革提出的全新要求，提出了新时代森林资源类人才培养的新理念，为教育教学改革提供了根本遵循。

尹伟伦认为，林业教育过去的教育观念过于陈旧、专才教育目标过于狭窄，已无法适应21世纪行业发展的需求。林业教育应重构人才培养新观念，实现5个转变：一是培养目标从以木材生产、采伐利用为主，向以环境保护、生态效益为主转变；二是教育观念从一次性教育向培养终身学习能力转变；三是人才标准从"专才教育"向"通才教育"转变，培养创新型、创业型和复合型人才；四是教学模式从以知识传授为主向知识、能力、素质协调培养转变；五是教学方式从以灌输为主向"师生互动、自主学习、注重个性、因材施教"转变。

（二）明确人才培养目标，重构学科专业体系

20世纪90年代，我国林业院校专业设置依然整体沿袭着20世纪50年代院系调整时的建制，主要目标依然是培养高级林业专门人才。这种人才培养模式在一岗定终身的计划经济时代，对我国林业教育的初期发展曾起到了人才培养和支撑林业行业专门技术应用的重要作用。但随着社会主义市场经济体制的逐步建立，这一狭窄的"对口式"技能教育模式已无法适应经济、社会发展的需要，也限制着林业院校自身学科专业的相互渗透、交叉和发展。

这一模式最直接的反映是各林业高校的专业布点数普遍较少。根据相关资料显示，到20世纪90年代初，就本科专业数量而言，只有一所林业院校略超过20个，两所有12个，其他均在10个以下，最少的仅2个。到1996年，我国森林资源类林学本科只包括林学、经济林、森林保护、野生植物资源开发与利用、森林旅游、野生动物保护与利用、自然保护区资源管理等7个专业，林业院校规模难以扩大，整体办学效益不高。

尹伟伦指出，在计划经济体制背景下，专业设置划分过细过窄，专业知识结构不合理、内容覆盖面小，割裂了知识和学科的综合和渗透，不利于学生视野的拓宽，限制了学生的个性发展，必然导致学生就业范围的狭窄，影响学生就业时的竞争能力和适应能力，从而影响到学校办学的生命活力。

尹伟伦认为，随着国家管理体制、林业经营方针、世界林业发展趋势、社会对人才需求的深刻变化，专业设置调整应成为当时林业教育教学改革的核心和重点，专业设置的改革方向应是拓宽学科口径、拓展专业内涵、增加人才适应面、满足学生终身发展需求，甚至是跨专业发展需求。但也不能因此混淆了必要的专业界线、无限延长学制年限，或课程内容浮浅粗糙。

因此，他提出了"六个结合"的全时空育人构想，即传授知识与能力素质教育相结合，宽口径基础知识教育与专业技能及个性发展相结合，理论、实践与能力相结合，第一课堂与第二课堂相结合，课上与课下相结合，在校教育与终身教育相结合，进一步确定了复合型、创新型、创业型人才的森林资源大类培养目标。

在上述研究的基础上，尹伟伦提出，将全国森林资源类7个本科专业重新整合为3个专业，即林学专业（含原林学专业、经济林专业、森林保护专业、野生植物资源开发与利用专业部分）、野生动物与自然保护区管

理专业（含野生动物保护与利用专业、自然保护区资源管理专业）和森林资源保护与游憩专业（含森林旅游专业、野生植物资源开发与利用专业部分）。在教学管理上，新生入校后前2年不分专业，进行宽口径专业基础课学习；二年级后在充分尊重学生自主选择的基础上进行专业分流，发挥学生个性，充分体现"以人为本"的教育理念。

（三）加强教学体系设计，完善人才培养方案

尹伟伦立足行业功能根本性转变，遵循教育客观规律，对人才培养模式、课程体系及教学内容进行全方位、根本性的改革，首次构筑了以生态建设、环境保护、生态效益为主的森林资源类本科人才培养新方案，彻底改变了近百年来以木材生产为主的人才培养目标，是引领林业高等教育人才培养方向的根本性变革。

新的人才培养方案充分体现出突出"三增""三改""三扩""三减"的特色和特点。"三增"即增加高新技术、增加人文课程社科、增加选修课时；"三改"即改革培养模式、改革课程体系、改革教学方法；"三扩"即扩大实践课时、扩大基础课时、扩展第二课堂；"三减"即减少总学时数、减少必修课时、减少陈旧重复。具体如下：

一是重新构筑起森林资源类本科人才培养方案。确立了森林资源类本科人才培养目标和培养规格，创建了"以教师传授知识、学生自主获取知识为主线，以能力培养、素质养成为'两翼'支撑，理论教学、实践教学、第二课堂综合素质培养体系三大教学体系于一体"的"一主两翼、三位一体"的人才培养模式，建立起了"宽口径、厚基础、尊个性、强实践"的培养方案。

二是运用森林生态资源恢复、重建和可持续经营的新理论，持续优化课程体系和教学内容。进行课程整合，完成了多门课程内容的有机重组，重新构建了核心课程内容的知识理论新体系。进一步更新教材内容，删除陈旧冗余知识，删去陈旧的课程和内容，增加行业高新技术以及信息科学、人文、社科等新内容。增加实践教学和第二课堂素质教育，为学生与个性发展的拓展空间，提出了培养"厚基础、宽口径、强能力、高素质"的通才型、创新型人才培养的新目标。

三是制定第二课堂素质教育教学大纲。将第二课堂作为第一课堂的补充延伸和学生个性发展的空间，确定相应教学内容。经过多年实践与完善，现已形成以"思想道德、文化修养、学术熏陶、社会实践、艺术审美、健康心理、意志品质锻炼"为主体的素质教育的新体系，并持续丰

图 3-53　2004 年,"林学专业本科课程体系及人才培养模式改革的研究与实践"教学成果获北京市教育教学成果(高等教育)一等奖

图 3-54　2005 年,"森林资源类本科人才培养模式改革的研究与实践"教学成果获国家级教学成果奖一等奖

富完善必不可少的教学环节。同时,完善实践教学体系,提高学生实践技能;增加综合设计性实验,进一步培养学生的创新意识和实践能力;推动教学方法手段改革和管理体制创新研究。

通过10年实践,调整后的林业专业人才培养方案更加注重培养学生多方向发展的能力,更适应终身学习发展的社会需要,更符合对森林资源的保护及行业发展转向的新要求。通过10年实践,北京林业大学建立起适应学科发展、利于人才培养、能与国际接轨的课程体系和教学组织体系,对全国各高校森林资源类专业的教育教学改革起到了极强的示范引领作用。尹伟伦领衔的"林学专业本科课程体系及人才培养模式改革的研究与实践"获2004年北京市教育教学成果一等奖,"森林资源类本科人才培养模式改革的研究与实践"获2005年国家级教学成果奖一等奖(图3-53、图3-54)。

四、精英教育尊个性

尹伟伦提出,大众教育是国民素质整体提升的必然选择,是国家需要,也是民众期盼。然而,国力的竞争归根结底是人才竞争,人才竞争的根本是拔尖人才创新能力的竞争,培养拔尖创新型人才是创新型国家的根基。因此,培养学术领军人物、培养大师级人才、培养高水平拔尖创新型人才是行业创新发展的需求和选择,构建如何培养高水平拔尖创新人才,为国家、为民族在国际竞争中掌握主动,赢得未来是高等教育的重要使命和责任，也是高等教育教学改革和提高教育质量的核心课题。

尹伟伦指出，北京林业大学长期积淀的深厚学术底蕴和在全国林业高校排头兵的地位决定了学校的办学定位和使命，无论是专才教育、素质教育、通识教育还是大众化教育，北京林业大学都必须把培养拔尖创新型人才作为学校的育人特色和历史责任。学校在70年的办学实践中，逐步形成了"知山知水，树木树人"的办学理念，始终致力于优秀拔尖创新型人才培养的研究与实践，培养了一代又一代处于林业高校排头兵地位的雄厚师资队伍，为行业输送了大批业务骨干和15位院士，为国家的进步、林业行业的可持续发展和生态环境建设作出了突出贡献。凝练其培养经验，对于构建适应创新型国家需求的拔尖创新型人才的培养模式具有重要的实践和指导意义。

20世纪90年代后期，结合建设创新型国家的需求以及学校的办学理念，尹伟伦认为，适应创新型国家建设的战略需求，坚持以育人为本，回归教育本质，遵循教育规律，多出拔尖人才、一流人才、创新人才，应成为大学教育工作者重点关注的首要问题，并牵头实施创新型人才培养的教学改革，探索在大众化教育背景下的精英教育、培养拔尖创新型人才的育人模式的创新。

1997年，他领导创建了致力于培养注重森林生物学基础的拔尖创新型人才"基地班"；在总结"基地班"经验基础上，进入21世纪，他又创建了林业、水土保持、农林经济管理等方向的拔尖创新型人才培养的"梁希班"（以我国著名林学家梁希名字命名），进一步探索育人理念，优化培养方案，加强课程改革和教材建设，逐步形成了一整套培养林业拔尖创新型人才的培养体系，培养了一批具有创新思维、竞争力强的创新型人才，在国内外升学和就业过程中均显示出十分突出的优势，也通过滚动管理等体制机制创新带动了学校整体教育质量的提高，实践和深化了尹伟伦"在大众化教育下实施精英教育，拔尖创新人才培养引领和辐射大众化教育质量提高"的教育理念。

（一）总结大师培养经验，创新人才培养模式

尹伟伦强调，由诸多大师营造出的学术氛围是一个学校不断发展壮大的灵魂和动力，大学需要大师，更要培养大师，而厚植培育大师的土壤至关重要。他所在的北京林业大学是我国林业和生态建设人才培养的重要基地，建校70年来，为国家林业和生态环境建设培养了包括15位两院院士在内的10多万名高级技术与管理人才，积累了培养引领林业科学事业发展的

拔尖人才的丰富经验。根据相关统计，真正从林业高校成长起来的院士只有19位。可以说，北京林业大学在培养林业科学事业拔尖人才方面积累了丰富的经验。尤为需要引起重视的是，这15位院士虽然大多毕业于北京林业大学的林学及相关专业，但他们的学术方向却十分广泛，引领着森林培育、树木生理、林木育种、森林生态、水土保持、遥感技术、数学等领域的科技发展。例如：朱之悌院士选育出的杨树人工异源和天然三倍体系列新品种，体现了遗传学与林学的结合；王涛院士将深厚的植物生理生化知识运用于林学中，研发出ABT生根粉，对提高我国农业作物的产量起到了巨大的推动作用；徐冠华院士是我国计算机自动识别卫星图像技术的创建人，研制成功中国最早的遥感卫星数字图像处理系统；尹伟伦院士利用林学和生物学交叉优势，发明植物活力测定仪，首创从生命活力鉴别苗木死活新技术，又建立针叶树人工促花以及花卉微型化生产技术，成为我国森林培育和树木生理学的领军人；等等。

尹伟伦指出，相同的应用学科和专业而在不同领域独领风骚的院士们的成长历程，给予我们教育工作者诸多启迪。林业院校在办学过程中，要始终坚持厚植培育大师的土壤，即在艰苦林学专业人才的培养中，要始终坚持打造扎实的森林生物基础和完备的数理化知识平台，帮助学生构建完善的知识结构，进一步提升其学术拓展和创新能力，培养其吃苦耐劳、执着奋进、永不言败的可贵品质，这一系列"大师学风"和人生观是拔尖创新型人才成长与成功的根本保障。

尹伟伦从几十年的育人经验中凝练出"宽厚基础、张扬个性、明德至善、博学笃行"的林业拔尖创新人才培养理念。充分依托北京林业大学国家级重点学科和科研基地的综合优势，自1997年起，先后在校内创建了国家生物学理科"基地班"和3个"梁希实验班"，历经十多年探索，构建了"一条主线、两个结合、三种教育、四大模块"的林业拔尖创新型人才培养新模式。"一条主线"即以树立行业志向、增强自主学习能力、强化实践能力为主线，"两个结合"即坚持理论与实践相结合、第一课堂与第二课堂相结合，"三种教育"即理论教育、素质教育、创新思维教育，"四大模块"即通识类、学科基础类、专业类、学术创新类四大课程模块，引领了林业、水土保持、生态学、农林经济管理等方向拔尖创新型人才培养的方向。2009年，他领衔的"林业拔尖创新型人才培养模式的研究与实践"获北京市教育教学成果一等奖和国家级教学成果奖二等奖（图3-55、图3-56）。

图 3-55 2009年，"林业拔尖创新型人才培养模式的研究与实践"
教学成果获北京市教育教学成果（高等教育）一等奖

图 3-56 2009年，"林业拔尖创新型
人才培养模式的研究与实践"教学
成果获国家级教学成果奖二等奖

（二）优化培养方案体系，注重创新能力培养

在进一步总结北京林业大学院士培养经验的基础上，尹伟伦认为，创新能力培养的重点在于创新思维能力的培养，并提出了创新思维能力的培养思路，即以学生创新思维和实践能力培养为目标，整合优化课程体系，增设名师讲堂（讲授传统经典理论形成和名师科研创新思维过程，以启迪学生创新思维能力）、创新学分、创新科研训练等课程和环节。这些也成为北京林业大学培养拔尖创新型人才的重要举措。

一是优化课程体系，更新教学内容。以注重基础、注重实践、注重前沿、注重素质为指导思想，不断整合课程内容，删除陈旧知识，注重传授学科经典理论、重要规律及研究思想，促进学生知识、能力和素质的协调发展。如理顺植物生理学、遗传学、生物化学、分子生物学、植物学等课程的关系，明确各课程的讲授内容及重点。植物生理学删去了生物化学和分子生物学的内容，遗传学在删去生物化学基础内容的同时强化遗传规律及应用，植物生理学增强了抗逆生理等方面的内容，分子生物学、生物化学、细胞生物学减少了课程之间的内容重叠、加强了课程的系统性。

二是强化思想品德教育，注重高尚人格和意志品德的养成。将德育教育与专业教育相结合，将名师讲堂设为必修环节，邀请行业大师现场讲述成才经历与奋斗历程，进一步激发和增强学生的专业归属感和成就感；以大师感召学生，激励学生立志从事艰苦行业，在实践中陶冶情操、砥砺人生，培养艰苦奋斗、吃苦耐劳、志存高远的意志品质，在艰苦岗位上奉献，实现人生价值。例如，王涛院士多次受邀到北京林业大学给学生做报告，以自身成才体会，进一步激励学生树立远大理想、立志成长成才。

三是加强实践教学，培养实践创新能力。尹伟伦认为，实践教学改革重在培养实践创新能力，要坚持四个转变，即由单项实验向综合实验的转变、由验证性实验向设计性实验的转变、由认知实习向综合实习的转变和由单门课程的实习向多门课程综合实习的转变。例如，将分子生物学与生物化学实验课整合，开设80学时的生物化学与分子生物学大实验，系统训练学生的基本实践技能。

四是设置创新学分，促进学生个性发展。将创新学分设置成必修学分，学生在第一课堂外的创新活动中获得科技发明成果、学术科技竞赛奖励，或公开发表科研论文等，均可获得创新学分，进一步激励学生参加科研课题、科技竞赛、发明创造、生产实践、教学改革、学术研讨等各种形式的创造性研究及实践活动，加强其创新思维、创新精神和实践能力培养，促进其个性和综合素质的全面发展。

五是设置创新科研训练，提高学生的科技创新能力。设置创新科研训练课程，对学生进行系统的科研技能训练。要求学生在了解熟悉本学科研究方向、研究内容和研究方法的基础上，在导师的指导下必须完成一些科研作业（规定项目），并通过参与导师承担的科研项目，亲身体验本学科的科研工作（自选项目）。学生的毕业论文（设计）必须与导师的科研相结合。加强联合培养力度，把部分学生送到中国科学院等知名科研院所和高校做毕业论文（设计）。通过这些方法，让学生进一步接受系统的科研训练，充分将所学理论知识和实际研究工作相结合，加快了专业知识消化、加深、巩固的过程，有效培养了学生的科学精神、学术品德、创新意识以及分析问题和解决问题的能力，同时也为部分学生拓宽了深造出口。

六是加强第二课堂教育，拓宽学术视野。大力开展第二课堂，邀请国内外知名专家入校开设学术讲座，增设校友院士讲坛、学术创新成果讲坛、历代大师经典理论与技术讲坛等，进一步拓宽学生学术视野。

同时，改革教学方法，注重创新思维能力培养为导向。建立"集传授知识、能力培养、启发思维于一体"的教育方法，贯彻以学生为主体的教学思想，实施借助于现代教育技术手段的启发式、探究式、互动式教学方法，充分发挥学生的主观能动性，推进现代信息技术、人工智能、生物医学、基因工程、智能制造、大数据、大健康、大生态等学科前沿思想的深度转移和启发引导，通过导趣、导思、导法，促使学生多动口、多动手、多猜想、多发现、多创造，拓展创新视野、启发创新思维。

（三）创新精英培养机制，促进拔尖人才培养

一是引入"大类招生、分类培养、优中选优、滚动分流"的竞争机制，在大众化教育背景下激励创新型人才脱颖而出，同时培养学生的竞争意识和危机意识。

二是实施全学程导师制，学生在导师的指导下进行学习、开展系统科研训练，从实行"一对一"研究性培养指导，逐渐发展成为5：1的团队指导，并通过引进外籍院士实行"中外双导"联合学术导师制，个性化培养的主题和特色更加鲜明。

三是制定教学方法改革指导意见，明确提出"教学方法要先行"。强调教师把传授经典理论的创新思维过程贯彻到教学中去，作为知识点传授给学生；要求教师在传授知识的同时，加强章节间、课程间知识的融会贯通，提高学生总结、归纳、分析、创新的能力，达到启发思维的目的。

四是设立"学生创新培养基金""科技创新奖""基地奖学金""精英奖学金""爱林校长奖学金"等，激励学生积极参与科技创新、学科竞赛等。

五是制定名师讲堂实施办法、科研训练计划实施办法、创新学分认定办法，鼓励学生参加科技创新活动，培养学生的创新精神和创新能力，拓宽视野，促进个性发展。

六是大类培养从专业平台课程实行与普通专业合班授课，发展为小班授课、杰出科学家授课，精英人才培养的教学组织体系日臻完善。

七是加强学生管理制度建设，建立了"全员、全程、全方位"的学生管理模式，以及学生综合素质评价体系和激励机制，通过课程实习、社团活动，开展野外生存训练和科考，培养学生吃苦耐劳和团结协作的精神，激发竞争意识，形成优良学风，是当前"三全育人"改革的先行先试者。

目前，拔尖创新人才培养模式已经持续进行了24年的不间断实践，并取得了一系列突出成果。

在人才培养质量方面，生物学理科基地培养出了600余名拔创新尖后备人才，入选"小平科技创新团队"，91%的毕业生进入哈佛大学、清华大学、北京大学等知名高校继续深造，3人入选优秀青年科学基金，1人入选国家林业和草原局青年拔尖创新人才，1人获林业青年科技奖。

在学校建设方面，依托40余项国家和省部级教改项目，7次修订完善

图 3-57　2006 年，尹伟伦（左一）参加俄罗斯国际会议交流学校教育教学经验（翟明普 供图）

图 3-58　2009 年，尹伟伦（前排左四）率团赴越南林业大学进行教学考察（尹伟伦 供图）

人才培养方案，获省部级教学成果奖10余项。汇聚一批国内外顶尖师资力量，形成国家级教学团队6个，国家和北京市教学名师8人，助力拔尖创新人才培养，形成了教学相长的良好环境氛围。在理科基地班的辐射带动下，北京林业大学已在林学院、水土保持学院、经济管理学院、工学院、园林学院、材料科学与技术学院等多个学院实施了国家卓越农林人才培养计划，开设了林学与森保、水土保持与荒漠化防治、农林经济管理、木材科学与工程、林产化工、园林植物与城乡生态环境等专业（专业方向）"梁希实验班"，以及生物技术、木材科学与工程中外合作办学等多种拔尖创新人才培养模式，引领和促进了良好学风、教风的形成以及高水平师资队伍建设。

百年大计，教育为本。面对全球化背景下的国际人才竞争，我们现在比以往任何时候都需要高素质的精英人才，在我国高等教育大众化的进程中，寄希望于精英教育的振兴，也寄希望于未来的精英（图3-57、图3-58）。

为党分忧、为国担当，任重道远。尹伟伦胸怀天下，心系国家林草科教事业，初心不改，面对科技"四个面向"和自立自强、"新农科"建设、新一轮一流学科建设和基础学科拔尖学生培养计划2.0的新起点、新征程，他始终走在时代前列，引领着我们一起向未来，行色匆匆却目光坚定，脚踏实地也步履铿锵！

参考文献

程堂仁, 徐迎寿, 尹伟伦. 林业拔尖创新型人才培养模式的研究与实践[J]. 黑龙江高教研究, 2013, 31(4): 133-135.

程堂仁. 北京学院路高校教学共同体合作办学的探索与思考[J]. 北京林业大学学报 (社会科学版), 2005, 4(S1): 24-27.

程堂仁. 构建花卉科技大平台，推进政产学研用协同创新[J]. 中国高校科技. 2019(S1): 43-46.

贺庆棠, 尹伟伦, 庞薇. 林学专业本科人才素质培养与课程体系建设[J]. 北京林业大学学报, 1998, 20(S1): 27-30.

庞薇, 尹伟伦. 林业高校本科专业划分不宜过窄[J]. 中国林业教育, 1997(6): 5-7.

尹伟伦, 孟宪宇. 转变思想更新观念培养复合型人才[J]. 中国林业教育, 1999(5): 31-32.

尹伟伦. 按照党的十七大精神推动学校科学发展的思考[J]. 中国林业教育, 2008(增刊)1: 4-6.

尹伟伦. 发挥学科优势, 创办特色鲜明的生物科学与技术学院 (代序) [J]. 北京林业大学学报, 2007, 29(5).

尹伟伦. 关于创新素质的养成和大学生成才[J]. 北京教育 (德育版), 2010(1): 18-19.

尹伟伦. 贯彻科学发展观, 使我校办学从数量增长向质量提高转变[J]. 北京林业大学学报 (社会科学版), 2005, 4 (增刊): 4-7.

尹伟伦. 建立原行业部属高校与行业主管部门联系新机制[J]. 中国高校科技与产业化, 2005(5): 51-52.

尹伟伦. 努力实践"三个代表"推动学校的建设与发展[J]. 中国林业教育, 2002(S): 10-11.

尹伟伦. 森林资源类本科人才培养方案及教学内容和课程体系改革研究与实践[J]. 中国高等教育, 1998(1): 28.

尹伟伦. 我国重点行业性大学的使命与学科发展: 北京林业大学的学科建设思路和实践[J]. 北京林业大学学报 (社会科学版), 2009, 8 (增刊2): 7-10.

尹伟伦. 我国重点行业性大学的学科发展探讨[J]. 北京教育 (高教版), 2009(2): 31-33.

尹伟伦. 植物生理课的教与学[J]. 中国林业教育, 1988(S1): 50-53.

尹伟伦. 办好绿色学府 再铸北林辉煌: 纪念李相符同志诞辰100周年[J]. 中国林业教育, 2005(S1): 5-6.

尹伟伦. 贯彻科学发展观: 使我校办学从数量增长向质量提高转变[J]. 北京林业大学学报 (社会科学版), 2005(S1): 4-7.

翟明普, 尹伟伦. 我国林学学科发展概览[J]. 西南林业大学学报, 2011, 31(1): 1-4.

郑彩霞, 尹伟伦. 21世纪林业科学技术发展对林科类本科人才素质的基本要求[J]. 中国高等教育, 1997(5): 10-11.

第四章

胸怀天下，行者无疆

作为中国工程科学技术界最高荣誉性、咨询性学术机构，中国工程院是建设国家工程科技思想库的核心，组织院士开展战略咨询研究、为国家决策提供支撑服务是中国工程院的主要职能和工作之一。

尹伟伦于2005年被遴选为中国工程院院士，2010年任中国工程院农业学部主任，并担任中国工程院主席团成员。2015年1月，又被任命为国家发展和改革委员会全国生态保护与建设专家咨询委员会主任。尹伟伦身兼数职，充分利用自身在学科交叉和融合方面坚实的基础知识优势，身体力行地积极参与到工程院的多个战略咨询项目，在林学和生物学的交叉领域，为支撑国家农林业发展战略提供依据。特别是担任中国工程院农业学部主任以来，着力拓展研究学科领域，从林业到涵盖农林牧渔的大农业，再到与大农业相关的生态环境直至林业文化、生态文明战略方向。他主持的20余项国家战略咨询项目（或课题）的研究成果，从农业学部扩展到与中国工程院其他多个学部院士的共同成果，多数提炼为院士建议呈报党中央、国务院及有关部门和地方政府，被采纳或得到重视，用于形成国家战略以指导经济社会发展。这些工作及成果凝聚了他的心血和智慧，也锤炼他成为国家农林业发展战略方面的专家（图4-1～图4-3）。

尹伟伦的战略研究工作和战略思想主要集中体现在现代农林业建设、生态环境与生态文明建设等方面。以国家林业科学技术中长期发展战略规划为起点，通过20余项农林业发展与生态建设战略研究，逐步形成相关领域国家发展战略思路。在国家中长期科技发展规划、国家林业战略研究、

图4-1 2003年，尹伟伦参加国家中长期科学和技术发展规划国际论坛（尹伟伦 供图）

图4-2 2004年，尹伟伦因在国家中长期科学和技术发展规划战略研究中的贡献受到表彰

图 4-3　2014 年，中国工程院主席团成员（前排右五为尹伟伦）参加两院院士大会（尹伟伦 供图）

林业生物质能源发展、区域农林业可持续发展、南方低温雨雪冰冻林业灾害、京津冀雾霾控制对策、国家公园建设、森林质量提升技术规程、国家减灾防灾对策研究及国家林业重大科技工程等多项林业生态建设重大工程和问题的论证中，尹伟伦都发挥了重要作用。尹伟伦在担任第十一届、第十二届政协委员期间，多次在全国政协会议上提交林业考察报告和提案（图4-4～图4-7）。2008年，尹伟伦在全国政协第十一届会议上，提出我国南方冰雪冻害考察报告和应对措施提案，在温家宝看望农业界委员会上直接向总理汇报（图4-4）。2011年，尹伟伦在全国政协会议上提交关于增加森林经营管理投入的提案。2013年，尹伟伦在全国政协会议上提案聚焦泥石流和滑坡灾害。他建议，对我国国土全面进行地质灾害可能发生的风险评估，根据其风险等级，绘制成《我国地质灾害发生风险图》，警钟长鸣，防患于未然。2016年，尹伟伦的全国政协会议提案之一，是大力发展油用牡丹和文冠果产业，助力精准扶贫；他认为，林业在精准扶贫上应该也能够发挥更大的作用。这些提案建议都紧紧围绕服务于全国林业发展大局，全方位推动了林业生态高质量发展。

尹伟伦曾说，森林质量不高，生产潜力发挥不出来，生态功能自然就低下，这是我国林业最突出的问题。因生态文明、生态建设、生态安全的需求，林业科技随之得到迅速发展，近年来，我国林业科技创新取得了一些成绩，国家林业和草原局科学技术司启动和支持了一批重大科技创新项

图 4-4　2008年，尹伟伦在第十一届全国政协会议上提出我国南方冰雪冻害考察报告和应对措施提案（尹伟伦 供图）

图 4-5　2012年，尹伟伦在全国政协会议上发言（尹伟伦供图）

图 4-6　2015年，尹伟伦在全国政协会议上（尹伟伦 供图）

图 4-7　2019年，尹伟伦在全国政协会议上（尹伟伦供图）

目，推动了全国林业科技创新和林业事业的发展。但是，因林业的科技创新差距较大，发展空间广阔，尹伟伦提出，在创新的大潮中，林业科技要强化自主创新、加强集成创新、推进再创新。首先，要立足于林业科技的自主创新，强化自主创新，尽快加大林业生产、经营、管理、可持续发展中的科技含量，变定性为定量，变经验型为科技型，变粗放管理为科学管理，从而推动林业事业实现新的跨越。其次，应该加强集成创新。尹伟伦强调，在创新中要注意将以往的研究成果，通过学科交叉形成新的技术，尽快转化为生产力。再次，要抓紧学习先进知识、引进新的技术，结合国情、林情加以消化，以求在新的层面上再创新，超越国际先进水平或在原有基础上实现突破。

第一节

农林发展，重塑标准

一、林业科技中长期发展

2006年，国家为了适应我国科技工作发展需要，提出编制《国家中长期科学和技术发展规划纲要》。该规划确定了"自主创新、重点跨越、支撑发展、引领未来"的十六字方针，充分体现了新时期、新阶段对科技发展的新要求，符合科技工作的实际。该规划纲要中把发展能源资源和环境保护技术放在了优先的位置，建设资源节约型、环境友好型社会，把生物技术作为未来高技术产业迎头赶上的重点等都被国家摆在了重要位置上。为配合此项工作，中国工程院2010年立项进行"中国工程科技中长期发展战略研究"，尹伟伦承担了"林业科技中长期发展战略研究"课题，是农业领域的重要组成部分。

尹伟伦在调查研究的基础上，首先对于国内林业科技发展现状进行全面分析，阐述了林业重要科学领域里取得的标志性成果和主要进展，对林业工程科技进行国际视域的前瞻性分析，指出我国林业发展中存在的问题。通过分析经济社会发展形势、经济社会发展对林业科技发展的需求和培育高新技术产业对林业工程科技的要求等方面，确立林业工程科技的战略定位、发展思路与战略目标，包括到2020年的阶段目标和到2030年的远景目标。尹伟伦提出了我国重大林业工程科技专项及重大共性关键技术，实施中长期林业科技发展战略的政策建议，包括：促进广泛开展适应林业特点的长周期、全方位、多层次的科学研究，建立相应的科学管理和评价体系；强化研究平台建设、国内外学术交流合作等项目；进一步加强高级人才的引进，筛选和培养一批林业优秀青年学术、技术带头人，选拔和培养一批政治素质高、把握国内外林业科技动态、管理能力强的高级管理人才，造就一批具有现代科技知识和经营管理才能的新一代林业科技企业家。努力争取多边和双边国际科技合作项目和国际科技交流项目，创造

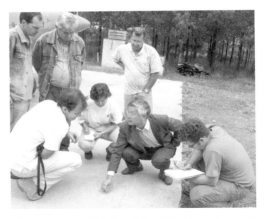

图 4-8　2011年，尹伟伦（左）与安黎哲在中国台湾出席海峡两岸大学校长农业论坛（尹伟伦 供图）

图 4-9　2005年，尹伟伦（右二）考察巴西杨树，为巴西专家讲解林业科技思想（尹伟伦 供图）

并增加学科参与国内外重要学术活动的机会，开阔学术视野，提高创新意识，提升国际竞争力（图4-8、图4-9）。我国林业科技人才的总量远大于林业发达国家，但是结构不尽合理，需要不断进行人员的调整、补充、培训和结构优化；提高林业科技人员特别是艰苦地区林业科技人员的待遇，从制度、经费等方面予以保障。

二、农林业可持续发展

尹伟伦完成的农林业发展战略研究项目有7个，是他从事战略研究的主体部分，既有国家层面的，也有区域层面的；既有林业产业方面的，也有林业生态建设与可持续发展方面的。主要包括：林业生物质能源发展战略研究、木本粮油安全可持续发展战略研究、新疆天山北坡经济带荒漠化防治与现代农林业战略研究、海西经济区林业生态建设与可持续发展研究、秦巴山脉绿色林业发展战略研究、北京大都市生态农林业发展战略研究和宁夏枸杞现代化高质量发展战略研究（图4-10、图4-11）。

（一）国家农林可持续发展战略

1.林业生物质能源发展战略

随着我国社会经济和科学技术的快速发展，能源与环境问题的日益突出，可再生能源受到国家及社会各界乃至世界各国越来越多的关注。为促进我国可再生能源的健康发展，中国工程院2005年组织有关院士专家启动了"中国可再生能源发展战略研究"项目。2006年10月，国家能源领导小组办公室委托该项目承担单位国家发展和改革委员会能源研究所牵头组织"我国可再生能源发展若干重大问题研究"项目。鉴于两者研究内容相近、主要专家队伍相似，经研究将两个项目合二为一，研究成果分别呈报国务院和国家能源领导小组。

生物质能源是重要的可再生能源，作为生物质能源的主要部分，林业生物质能源以其资源丰富、分布范围广、原料热值高、产量大等特点，具有广阔的产业发展前景。我国虽有经营薪炭林的悠久历史，但是现代科技意义上的生物质能源开发研究起步比较晚，在能源林技术方面尚未形成系统的高产栽培体系和加工体系。

尹伟伦多次在国内和国际生物质能源发展论坛或会议上，提出在林业生物质能源发展战略中，特别要重视灌木能源林的发展（图4-12）。在

图4-10　2008年，尹伟伦出席国家林业局科技咨询会（尹伟伦 供图）

图4-11　2020年，尹伟伦接受央视新闻采访谈论"人与自然生命共同体"

图4-12　2009年，尹伟伦参加国际生物经济大会并做灌木生物质能源报告（翟明普 供图）

深入调研和分析能源林发展现状的基础上，他提出我国发展能源灌木林项目的战略思考：①实施国外良种引进与国内良种筛选相结合的方针，加快良种化步伐，定向培育和筛选专用品系；②能源林产业发展与西部生态环境建设相结合；③以农村产业结构调整为切入点，大力开展能源林建设；④以困难立地条件造林技术研究为突破口，提高能源林建设的科技含量（稳产、高产、可持续经营），研发建立专用林经营模式；⑤现阶段以生物柴油、生物颗粒燃料利用为主，未来发展汽化、液化、固化技术，走多元化发展道路；⑥建立"企业+农户"规模化生产模式，形成种植、采集、更新、加工等一条龙产业链，提出开发利用路线图。

2. 木本粮油可持续发展战略

"国以民为本，民以食为天。"粮食既是关系国计民生和国家经济安全的重要战略物资，也是人民群众最基本的生活资料。粮食安全与社会的和谐、政治的稳定、经济的持续发展息息相关。我国作为粮食生产大国和人口大国，国家的粮食安全问题无疑是国计民生的头等大事。国家为粮食安全出台了一系列重大举措。木本粮油以不占用耕地、营养价值高、经济效益好、生态价值大、国际竞争力强等优势，成为国家粮食安全的重要组成部分，木本粮油的战略研究对于保障国家粮食安全的作用应得到充分重视。在此背景下，尹伟伦于2014年主持了中国工程院战略咨询项目"木本粮油安全可持续发展战略研究"。尹伟伦通过调查指出，我国具有发展木本粮油的自然禀赋，木本油料树种资源十分丰富，种子含油量在40%以上的植物有150多种，木本粮油分布区人口占全国的56%，拥有全国森林面积的90%。目前，全国木本粮油种植总面积达2亿亩，年产木本油料60万吨。我国尚有适宜发展木本粮油的土地约4亿亩。发展木本粮油对于促进农民增收，加快山区经济发展，促进农民脱贫致富、加速新农村建设意义重大。针对我国木本粮油发展中存在的良种更新慢、平均产量低（不足试点的20%）、优质产品少、产业链条短、外向度偏低（不到5%）、龙头企业缺乏、科技支撑不足等问题，借鉴国内外木本粮油发展的经验（图4-13），尹伟伦提出实现我国木本粮油规模化产业化和可持续发展的一系列战略举措，例如：提高认识，加大支持力度，制定和实施相应的国家战略；依靠科技、强化创新；科学规划，突出重点和区域特色；良种化、标准化栽培，集约化经营；强化科技支撑，组织研究攻关，大力开展林木良种选育；龙头带动，打造品牌，健全市场体系。

为进一步做大、做强我国优势特色明显的木本粮油产业，尹伟伦特

图 4-13　2015 年，尹伟伦在缅甸国家林科院考察木本粮油（翟明普 供图）

向国务院和国家林业和草原局提出了《关于"做强木本粮油产业、支撑国家粮油安全和扶贫攻坚"的建议》：将木本粮油作为我国粮油的重要组成部分和高营养保健型粮油的主力军，列入保障国家粮油安全总体框架，同时作为我国集中连片特殊困难地区扶贫攻坚的有效措施，给予更大扶持力度；制定我国木本粮油中长期发展规划（2016—2030年），使发展木本粮油上升到国家战略；将主要木本粮油树种增加列入国家现代农业产业技术体系，同时设立国家木本粮油重大科技专项，为我国木本粮油的转型升级和持续健康发展提供人才和技术保障；制定强有力的木本粮油产业扶持政策，尤其是加大对利用荒山荒地规模化发展木本粮油、木本粮油采后处理与加工、木本粮油市场体系建设和出口创汇等方面的扶持力度；设立国家木本粮油产业专项发展基金。

（二）区域农林业可持续发展战略

区域农林业发展战略研究涉及新疆维吾尔自治区、宁夏回族自治区、北京市、福建省等省（自治区、直辖市）全域和跨多个省区（青海、陕西、四川、河南、湖北等）局域的秦巴山脉。这些区域的自然条件、现代农林业的发展基础和存在的问题各异，发展的方向、目标和路径等也不同（图4-14、图4-15）。

1. "新疆天山北坡经济带荒漠化防治与现代农林业战略研究"课题

天山北坡经济带地处亚欧大陆腹地，新疆准噶尔盆地南缘，天山北坡中段，东西长超过1300km，面积30万km²，约占新疆总土地面积的18%；是新疆现代工业、农业、交通信息、教育科技等最为发达的核心区域，对

图 4-14 2003 年，尹伟伦参加现代林业发展研究项目评审会（尹伟伦 供图）

图 4-15 2015 年，尹伟伦（右）因在北京市"十三五"规划编制中积极建言献策，获荣誉证书（尹伟伦 供图）

新疆经济起着重要的带动、辐射和示范作用。作为国家西部大开发战略重要环节，天山北坡经济区被列为西部地区重点培育的新的增长极之一。

尹伟伦带领团队于2014年启动"新疆天山北坡经济带荒漠化防治与现代农林业战略研究"课题，通过调查研究和资料分析，找出区域内荒漠化防治和现代农林业发展的主要问题（图4-16）：①农业耕地大规模开发，大量的农田灌溉挤占了生态用水，造成周围天然植被的大面积退化和死亡，加速区域内荒漠化进程。据第五次全国荒漠化和沙化监测与第四次监测的结果相比，天北地区的总沙化面积（不含戈壁）增加了818.17km²。②区域农业耕地农药化肥超标、地膜残留、土壤盐渍化严重。③自然保护区建立低于国家水平，且管理与开发建设矛盾突出。针对存在问题，尹伟伦团队提出如下建议：①生态优先，以水定产，调整农林牧水关系。压缩耕地面积，减少农业用水，确保生态用水和区域地下水位不再下降，促进天然绿洲和人工绿洲的协调发展；保护天然植被，加强绿洲防护林体系的建设。减少载畜量，改善草地生态环境，实施农牧轮作，建成一定规模的高产畜牧基地。②优化空间规划布局，加强管理能力建设，积极解决自然保护区发展与农牧渔矿等产业的冲突，制定区域自然保护和生态网络建设规划，建立林、草、湿地等生态用地管理实体，在天山山地和艾比湖湖盆等重要生态功能区和保护优先区建立自然保护区域，并将其纳入地方土地利用和经济社会发展规划当中，划定生态红线。

图 4-16　2008 年，尹伟伦（右四）带队考察新疆天山北坡河谷森林保护恢复情况（尹伟伦 供图）

图 4-17　2019 年，尹伟伦（左一）在宁夏考察枸杞生长（夏新莉 供图）

2. "宁夏枸杞现代化高质量发展战略研究" 课题

宁夏枸杞自古以来享有盛名，是宁夏的"红色名片"和"地域符号"。世界枸杞看中国，中国枸杞在宁夏。枸杞产业成为宁夏最具地方特色和品牌优势的战略性主导产业，在全国处于领军地位。枸杞作为宁夏九大重点特色产业之首，地位凸显。2016 年 7 月，习近平总书记视察宁夏时强调，宁夏是我国的枸杞之乡，对这些历史悠久的"原字号""老字号""宁字号"农产品，要加倍珍惜，发挥优势，不断提高品质和市场占有率，把特色现代农业做实做强。2020 年 6 月，习近平总书记视察宁夏时再次强调，"宁夏的枸杞"等农产品品质优良，在市场上有很高的声誉。总书记两次视察宁夏，对宁夏枸杞产业发展作出重要指示，希望宁夏在枸杞产业作出新作为和新担当。为落实习近平总书记指示，2020 年 9 月 3 日，时任宁夏回族自治区党委书记陈润儿在建设黄河流域生态保护和高质量发展先行区第一次推进会上指出："枸杞产业要把握定位、完善标准、叫响品牌，把'中国枸杞之乡'的品牌叫响。"枸杞产业被赋予历史重任，成为新时代宁夏在建设现代化强国征程上的一颗耀眼明珠。

2019—2021 年，尹伟伦及其团队实施了"宁夏枸杞现代化高质量发展战略研究"项目（图 4-17），明确立足宁夏、放眼全国、重点围绕宁夏枸杞产业发展中存在的问题，就其发展趋势、政策制定、产业融合和科技创新等方面战略问题开展研究，提交了具有前瞻性、战略性、方向性的战略研究成果，为构建枸杞产业现代化体系及产业扶贫、生态治理、特色小镇建设等重大民生工程，提出《关于提升自主创新能力，促进宁夏枸杞产业现代化高质量发展》的政策建议。围绕枸杞健康、绿色、生态及高值化利用主题，以龙头企业为依托、以产业园区为支撑、以特色发展为目标，加快建立现代农业产业体系、生产体系、经营体系，让宁夏更多特色农产品走向市场。总结提炼出重大创新攻关项目，助推枸杞产业转型升级，推进宁夏枸杞产业高质量发展。

3."秦巴山脉绿色林业发展战略研究"课题

秦巴山脉，为秦岭、巴山两大山脉的合称，是横亘中国中部、呈东西走向的一座巨大山系，地处我国地理中心，是我国南北气候的自然分界线，是我国的中央水库，也是我国的生态根基和安全命脉。涉及河南、湖北、重庆、陕西、四川、甘肃五省一市的20个设区市及甘南藏族自治州、湖北神农架林区，涉及119个县（区、县级市）。秦巴山脉也是我国面积最大、人口最多的集中连片特困地区，"生态高地与经济洼地"的矛盾突出，在维护国家生态安全和打赢脱贫攻坚战中的地位十分重要。

秦巴山脉区域是我国人文、地理、气候等南北衔接过渡区，蕴藏着丰富的自然资源，是我国生态功能区建设的重要区域，区域内集生态安全保护区、生物多样性保护区、水源涵养保护区、地貌多样性保护区、生态脆弱区和自然灾害易发、多发区等于一体。秦巴山脉区域森林资源丰富，森林碳汇总量约6.78Gt（Gt=10亿吨），占全国森林总碳汇量的7.04%；氧气年产生量1063.049Gt，占全国总量的8.66%；动植物种类6000多种，享有"南北生物物种基因库"的美誉。秦巴山脉是中国国家级自然保护区密度最高的地区之一，其中国家级保护地数量200余个。国家层面的限制性及禁止性开发给秦巴山脉区域的发展带来不小的限制，如何才能保证在不影响生态环境的前提下，发展秦巴山脉区域的林业及林业产业，提升当地居民的生活水平，实现社会经济健康可持续发展，建设美丽中国成为急需解决的难题。尹伟伦带领团队调查发现（图4-18），秦巴山脉区域林业发展面临森林质量差，森林资源保护不够，生态效益低；林业产业结构不合理、发展滞后，科技支撑能力不足；域内经济发展不平衡，城镇化进展缓慢；森林保护与地方发展诉求的矛盾突出等问题。现阶段主要发展的林业产业有林（含经济林）、竹、藤等栽培与采伐（摘）、森林木质与非木质产品加工与利用、生态旅游与林业服务，属于以第一、第二产业为主的产业，第三产业起步较晚，但发展势头旺盛，如森林旅游、森林康养等。

尹伟伦通过"秦巴山脉绿色林业发展战略研究"课题，调查研究提出了以下建议：以森林培育为手段，加强森林经营，提高森林质量，推动林

图4-18　2016年，尹伟伦考察秦巴山脉林业状况
（尹伟伦 供图）

图4-19　2019年，尹伟伦（右）在北京世界园艺博览会接受采访，谈论北京生态建设（尹伟伦 供图）

业高质量发展；完善生态补偿政策；构筑高效林业产业体系，推进绿色富民产业发展；加强生态系统保护，构建以国家公园为主体的自然保护地体系等；构筑高效林业产业体系，加强商品林基地、林产加工业和森林旅游业的建设，推进绿色富民产业发展；加强生态系统保护，优先将秦巴山脉纳入所在省（自治区、直辖市）林业产业发展规划的重点支持区域，加大对于秦巴山脉资金的投入力度。

4. "北京大都市生态农林业发展战略研究"项目

该项目于2019—2020年实施，是由尹伟伦主持的中国工程院咨询研究重点项目。项目充分依据国家批准的《北京城市总体规划（2016—2035）》和北京城市功能定位，是在我国生态文明建设、京津冀协同发展、北京建设国际一流和谐宜居之都等一系列重大战略背景下提出的，直面北京农林水大生态发展主要问题，旨在研究北京现代农林业可持续发展战略，并进一步探索中国大都市发展现代生态农林业的模式与路径，意义重大。

尹伟伦带领团队着眼于生态农业、林业、湿地3个方向，通过调研和分析国内外大都市生态农林业发展的历史和现状，包括农林业与相关产业的布局和发展战略，借鉴国外发展经验，提出北京市发展思路与实现路径。研究北京生态林业发展战略和水利、农业、牧业、服务业及城市发展战略规划协调，利用可持续发展理论结合实地调查研讨，分析制约作为大都市的北京生态农林业发展的主要因子。分析作为都市生态系统主要组成部分的森林生态系统，如何发挥在破解城市环境问题、建设宜居城市中的重要作用，从而构建与生态相适应和协调的北京都市生态农林湿地体系布局和空间配置模式，提出北京市生态农林湿地业发展优化模式，最后对北京城市农林湿地业建设提出更为科学、合理的建议。

尹伟伦通过调查研究，提出了加快发展服务于城市发展的现代农业、生态林业、湿地模式与优化方案、农林复合系统等战略建议。在林业和湿地方面，建议进一步发展和提升城市生态林业的质量，缓解资源受限的问题，构建北京大都市林业、湿地生态网络体系，推动绿色发展，从而形成资源丰富、布局合理、结构稳定、功能完备、优质高效的城市生态（图4-19）。他提出：打造适应大都市现代林业发展的高质量苗木培育基地；分区分类开展营造林，全面提升森林生态服务效益；加强雨洪和再生水收集与利用，优化水资源协同利用；加大生态保护与修复力度，构建湿地生态监测系统，构建大都市林水复合生态系统；开展湿地功能、布局和最佳湿地总量估测等重大科技研究，研发湿地保护与建设新兴技术。在农业方面，提出推进农业提档升级，拓展农业功能，推进现代种业、休闲农业、创意农业、会展农业、互联网+农业等新型业态快速发展；扎实走好绿色发展、科技引领、产业融合、引智育才、产村融合、品牌培优等具有首都特色的农业现代化之路；都市现代农业主导产业需具备安全化、生态化、产业化、品牌化和智慧化等多元化的特征。要转变发展方式，提高都市现代农业竞争力，注重农业的技术创新和可持续发展；围绕经营管理水平提升、绿色发展水平提升、质量效益提升，北京要着力构建以多功能为核心的产业体系、以可持续为核心的生产体系、以专业化为核心的经营体系，延长产业链、提升价值链、拓展增收链，推动农业高质量发展。尹伟伦写信给北京市市长陈吉宁，汇报了关于北京市发展先导农业和都市农业的战略建议，得到了陈市长的批复。

5. "海西经济区林业生态建设与可持续发展研究" 课题

"海峡西岸" 是相对于 "海峡东岸" 即中国台湾而言，是个广泛的地域概念。党的十七大报告明确指出支持海峡西岸经济区的发展。2009年，国务院正式颁布《关于支持福建省加快建设海峡西岸经济区的若干意见》。海西经济区建设总体目标是：通过10～15年的努力，海峡西岸经济区综合实力显著增强，经济社会发展走在全国前列，成为我国经济发展的重要区域，成为服务祖国统一大业的前沿平台。为了促进海西经济区更好发展，应福建省的要求，中国工程院将《海西经济区生态环境安全与可持续发展研究》列为2011—2012年的重大咨询项目，此项目分8个课题，尹伟伦主持的"海西经济区林业生态建设与可持续发展战略研究"为其中之一。

尹伟伦课题组对于福建省林业现状及已有成就进行了全面调查研究，认为福建省在生物多样性保护、生态公益林方面管护机制改革、森林生态体系建设、生态文化体系建设初显成效；林业产权制度改革逐步深化；海峡西岸现代林业发展具备迫切的必要性，也是加强海峡两岸合作交流的需要。

尹伟伦认为，福建省林业发展面临的大好机遇。森林是维系人与自然和谐发展的关键和纽带，林业是陆地生态建设的主体，为建设生态文明提供生态环境基础，必须把建设生态文明作为现代林业建设的战略目标，作为林业工作的出发点和落脚点，作为全体林业建设者义不容辞的神圣职责，始终不渝地坚持抓好。落实《中共中央国务院关于全面推进集体林权制度改革的意见》，将集体林权制度改革作为推进现代林业发展的强大动力。福建经济区战略的实施需求，以及海峡西岸经济区战略有利于改善林业投资环境，落实外商投资林业的相关优惠政策措施，发挥"五缘"优势，加强闽台林业合作，发展现代林业。国内外公众的森林生态环境意识有所提高，全球保护森林的呼声高涨，国际社会对森林问题的关注。

尹伟伦指出，福建林业面临的主要问题与挑战是：森林资源质量有待进一步提高，福建省森林资源质量较低，全省林分蓄积量平均每公顷仅为 $75.96m^3$，基本同等条件的台湾为 $182.28m^3$；林业产业竞争力有待进一步增强，林业产业新产品开发能力低，产品附加值低，名牌产品少，林产工业规模不大，使福建省林业在国内外激烈的市场竞争中处于劣势；生态文化建设内容有待进一步拓展；林业发展保障制度有待进一步完善。

为促进海西经济区林业生态建设与可持续发展、保障生态文明建设，尹伟伦建议福建省发展现代林业的途径是：通过保障山地生态安全、改善城市和乡村人居环境、构筑沿海生态屏障，以建设生态良好的绿色福建；通过发展循环经济、完善林业产业政策，发展持续高效的林业产业；培育进步繁荣的生态文化。

三、森林灾害防治及生态恢复

该领域的战略研究主要涉及南方地区低温雨雪冰冻灾害、食用农产品土壤安全两个完整的课题以及新疆天山北坡经济带和福建省海峡西岸研究等课题的部分。

（一）南方低温雨雪冰冻的林业灾害与防治

2008年初，发生在我国的低温雨雪冰冻灾害涉及19个省（自治区、直辖

图4-20　2008年，尹伟伦在江西考察南方雨雪冰冻灾害情况一（翟明普 供图）

图4-21　2008年，尹伟伦（右）在江西考察南方雨雪冰冻灾害情况二（翟明普 供图）

市），林业损失惨重，受灾林地29114.5万亩，其中森林面积26473.6万亩，森林资源直接经济损失621亿元，生态效益及碳储量价值损失8634亿元。灾害发生后，中国工程院及时作出反应，立即组织由尹伟伦牵头的院士专家团队对湖南、贵州和江西等灾区进行实地考察（图4-20、图4-21），对林业损失进行评价，分析灾害成因，提出灾后森林恢复战略建议、技术措施及恢复重建方案建议，建立低温雨雪冰冻林业灾害评价的体系，整体提升灾区森林质量。

尹伟伦认为有必要考虑森林灾害的特殊性，给予专门的研究和应对。首先，要充分认识到林业灾害的严重性和持续性。现有损伤的大量折倒木和枯枝落叶，很快就会干燥并成为森林火险的隐患。灾区就已有多起小型林火发生，扩大了森林灾害的损失；同时，灾后树势衰弱，大量死亡木，极大地增加了森林病虫害大发生的潜在可能，也是继续扩大损失的隐患；林业生产周期长，需要有长期、有规划的稳定投入和特殊政策来保障森林恢复重建和生态效益的尽快恢复；林业灾害后续隐患较多，损失扩大和蔓延的潜在可能是长期持续的，要有特殊的举措予以应对。其次，要充分估计到资源恢复的艰巨性。森林资源恢复至少要几年或十几年，且受灾林地遍布城区、农区、深山沟壑，工程艰巨，需持续实施；需要有多种措施和政策的正确指导，把森林资源的损失降到最低，促进森林资源尽快恢复和林业企业的振兴。再次，是重点考虑森林资源恢复的科学性。森林资源恢复前必须科学分析认识不同树种、不同林龄、不同林型结构抵御灾害能力差异的基本规律，从中借鉴提升森林适地适树、优化结构、提高抗逆能力的经验教训；利用人工恢复与自然恢复相结合的手段，通过疏伐、补植重新优化森林结构，合理调整森林结构和林业产业结构；建立育种基地，以乡土种树为主，慎用外来引进树种，努力建立抗逆性强、生态系统稳定的复层混交林；清理倒折木与森林疏伐抚育管理技术相结合，促进森林经营和林地生产力水平的提高；防止水土流失，加强野生动物保护和森林病虫害的监测预防。最后，要充分重视森林资源恢复重建的政策性。坚持森林资源保护政策的严肃性和严格性，认真鉴别死亡木与存活树，防止乱砍盗伐；充分考虑林业的公益性，加大促进森林资源恢复重建积极性的政策支持；设立森林抚育基金，提高造林和营林的资金投入，保障造林和营林规格的高标准，促进林木生产力和生态效益及抗灾能力的提高。

尹伟伦对加强林业灾后重建提出了以下几点建议：第一，开展冰雪灾害对区域生态与社会经济影响的综合评估。根据林学、生态学、生态经济学原理，地面调查、遥感技术、社会调查等，对受灾地区的危害情况进行全面的评估，特别是从生态系统价值的角度考虑，分析灾害带来的现实和潜在影响，并总结防灾、抗灾的科学和技术方面的经验教训。第二，启动国家生态恢复重大工程。这次森林受灾面积极大，损失惨重，救灾任务庞大、科技含量高，恢复工作将是长期的。建议尽快启动南方森林冰雪灾害恢复重大工程项目，实施科学论证，质量监督和严格验收，适时评估保证灾区生态系统的持续恢复与重建。第三，启动冰雪灾害对生态系统影响以及恢复效益监测研究项目，研究这次冰雪对森林造成灾害的原因和预防机制，监测森林灾害的自然恢复与人工促进恢复的生态机制和效益，科学指导恢复重建工作。

（二）四川地震灾后植被恢复与建设

2008年"5·12"汶川特大地震发生后，中国工程院及时作出反应，组织院士专家成立"我国抗灾救灾能力建设和灾后重建策略研究"咨询项目。同年8月，院士、专家一行奔赴此次地震重灾区之一的彭州、北川开展调研，和当地农业、林业部门的负责人进行了座谈，并深入灾区了解农业、林业受损情况及灾后重建的保障措施（图4-22、图4-23）。尹伟伦强调，受地震影响，很多地方的生态环境，特别是森林生态系统受到了破坏，可能引发山体滑坡、泥石流等次生灾害发生的地方还比较多。特别是夏季雨水较多，如果今后再出现强雨水侵蚀和冲刷等情况，就可能再爆发次生灾害，造成人员和财产的再次损失。

围绕四川地震灾区植被恢复建设，尹伟伦认为应尽快启动生态恢复重建工程的规划和实施，特别要搞好森林生态系统的恢复与重建工作。他指出，生态

图4-22 2008年，尹伟伦在四川汶川考察地震灾后重建一（翟明普 供图）

图4-23 2008年，尹伟伦（右一）在四川汶川考察地震灾后重建二（翟明普 供图）

重建的工程量十分宏大，需要10年或更长的时间。但灾区许多地方当时随时都可能发生次生灾害，因此，生态重建应当尽快启动，并应以中长期工程的方式从国家层面启动这项工程，由地方配合共同完成。

针对罕见自然灾害已转向频发自然灾害的新特点，尹伟伦呼吁，强化自然灾害规律研究，完善对频发自然灾害的防治管理体系。

进入21世纪以来，我国极端天气气候事件发生频率进一步增大，包括雨雪冰冻、极端干旱天气、洪水、地震及泥石流等不断频繁爆发，已对人民群众生产、生活带来了严重影响，更直接影响了我国社会经济的可持续发展。尹伟伦指出，在罕见自然灾害转向频发自然灾害、各类自然灾害成为常态的情况下，我国防灾、救灾、减灾工作中存在的诸多缺陷日益凸现，面临的形势十分严峻。突出表现为两个缺乏：缺乏应对罕见自然灾害转向频发自然灾害的发生规律研究，缺乏应对频发灾害的综合应对和管理体系。

尹伟伦建议，加强各类频发自然灾害的科学研究，深化对自然灾害发生机理的认识；加大自然灾害的监测研究，进一步加强自然灾害的风险识别；完善灾害监测网络，提升地震、气象、水文、地质、森林草原火灾、农林病虫害等各类灾害监测预防能力；重点加强极端气象灾害综合探测和预报预警、大江大河重要河段洪水预报、地震及地质灾害群防群测等系统建设，不断提高灾害预测预报的准确性和有效性。

（三）食用农产品土壤环境保护

针对国内频频出现的粮油果菜等污染超标问题，同时根据农业、国土和环保部门对于土壤修复治理缺乏成本较低且成熟实用技术的现状，中国工程院于2014年立项"全国土壤环境保护及污染防治战略咨询研究"重点咨询研究项目（尹伟伦院士与戴复盛院士共同主持），拟重点研究如何判断土壤污染，污染如何科学分级，如何进一步确定土壤污染现状、来源、评估，如何进行生态环境风险和健康风险评价，实行差异化科学监测监管。希望能为"土壤污染防治法"的立法工作提供研究基础；对土壤环境质量标准的制修订工作进行规划；推动土壤污染风险评价，进而实现土壤的差异化管理。

尹伟伦组织院士、专家20余人进行了我国食用农产品土壤肥力和土壤污染现状调查，我国土壤中污染物进入食用农产品途径、我国食用农作物生产耕作制度、耕作土壤肥力的培育方法、污染地区土壤的修复措施等的调查与分析。研究认为，以往我国食用农产品的高产主要依靠"大水大肥大药"，土壤基础地力对于食用农产品增产的贡献率比较低，土壤面临酸化严重、有机质含量低下、农药化肥和地膜污染、重金属污染等突出问题，且各个地区之间的污染程度差异较大。尹伟伦团队提出以下食用农产品土壤环境保护的战略建议：尽快启动食用农产品产地环境质量保护立法；根据食用农产品安全生产需求，制订国家土壤保护区划；开展一次食用农产品产地土壤和环境质量普查；建立食用农产品耕地质量和土壤污染监测网络体系；加大源头治理力度，推进农村环境整治，切实防止工业和城市污染源向农村转移；在草原牧区建立草原确权承包制度。同时提出若干技术政策建议。

四、农林业国家标准化战略

为落实习近平总书记在致第39届国际标准化组织大会的贺信中提出"中国将积极实施标准化战略"，中国工程院和国家市场监督管理总局（标准委员会）共同设立重大咨询项目"中国标准化研究2035"，根据研究需要，又连续两期后续战略研究，分别是：双循环发展格局下产业高质量发展标准体系综合研究（二期）和中国标准化战略若干重大问题研究（三期）。尹伟伦连续主持了标准化战略研究的农业农村（农林业）领域标准化研究课题，名称分别是：乡村振兴标准化体系战略研究、农业农村标准化体系战略实施路径研究、双循环发展格局下产业高质量发展标准体系综合研究（农业农村部分）。

乡村振兴战略要求建设"生态宜居"的乡村，其核心是"两山"理论，倡导人与自然的和谐共生。围绕《中共中央国务院关于实施乡村振兴战略的意见》的指导思想，尹伟伦带领团队以大农业（含农林两大产业）为口径，按照产业兴旺、生态宜居、乡风文明、治理有效、生活富裕的总体要求和目标任务，开展我国乡村振兴标准化体系研究。他指出，目前我国农业农村生态文明的相关国家标准、地方标准、行业标准数量较少，且质量不高，修订不及时；农业行业标准体系尚未建立，标准交叉重叠；现行农业农村标准贯彻实施力度不够，实施体制不完善。

尹伟伦以《乡村振兴战略规划（2018—2022年）》中的内容为基础，整合近3年来我国在农业绿色发展和农村环境治理领域的相关政策，制定农业农村生态文明标准体系。我国农业农村生态文明标准体系构建的技术关键，主要是围绕农业绿色发展、农村人居环境、乡村生态保护与修复和乡村绿化与乡村旅游4个方面进行研究。研究提出2035年我国乡村振兴标准化体系发展思路，加快农业农村标准化法治建设、加大农业农村标准化建设的资金投入、建立标准数据资源共享平台、加大标准化宣传工作力度、加强人才队伍建设和增强农业标准化国际竞争力的政策建议。目标是以标准化推动农业全产业链升级，促进产业兴旺，保障乡村生态宜居，支撑农业农村绿色发展，助推乡村有效治理和乡风文明进步。

尹伟伦深度分析了农业农村生态文明和绿色发展标准化现状，明确了农业农村生态文明和绿色发展战略需求，提出农业农村生态文明和绿色发展标准化体系实施战略。围绕国家粮食安全、农产品质量安全等重点领域，加强农业标准实施监督、信息反馈和实施效果评价机制，建立农业标准实施应用报告制度，进一步完善现代农业全产业链安全标准体系。以农产品质量分级、初加工、贮藏保鲜、保鲜配送等为重点，完善农业标准示范推广体系，强化农业标准化人才队伍和技术组织建设，推动标准与科研协同发展，完善现代农业全产业链质量标准体系。以农业生产服务、农业技术推广服务等为重点，完善农业标准化服务体系，提高农业生态服务能力，完善现代农业全产业链服务标准体系。以农业质量基础设施、耕地质量等级等为重点，加强标准支撑农业可持续发展研究力度，完善现代农业支撑标准体系（图4-24）。

标准化工作作为贯穿于林业发展全过程的一项基础性工作，不仅是推进林业生态文明建设、林业治理体系和治理能力现代化的重要内容，还是实现林业产业提质增效、提升生态产品供给能力的有力举措。

尹伟伦表示，充分发挥标准化在生态文明建设中的引领、保障作用，能够助力林业生态文明各项建设目标顺利完成。近年来，我国林业生态文明建设领域标准化工作不断加强。我国以增强生态建设能力、提高生态服务功能、增加生态供给为目标，围绕天然林保护、退耕还林、防沙治沙、

图 4-24　2019 年，尹伟伦参加第十届中华农圣文化国际研讨会做"关于我国农业标准化体系建设的思考"的报告（尹伟伦　供图）

重点地区防护林体系建设、湿地保护、自然保护区保护等林业重大生态修复工程建设，以及苗木生产、城市绿化、采伐更新工程作业等，都在加强标准制定与实施，显著提升了我国林业生态文明建设标准化水平。

尹伟伦指出，围绕新常态下生态文明建设、林业产业发展和现代林业治理体系建设对标准化的需求，需要我们加强林业标准化管理，修订完善林业标准，强化林业标准实施，提升林业标准水平。要按照国务院《深化标准化工作改革方案》的要求，继续深化林业标准化管理改革，积极推进林业领域强制性标准整合精简和推荐性标准集中复审工作，加强重点领域标准的制修订工作，制修订标准时注重增加生态文明建设要求的内容内涵，并加快林业标准国际化步伐，促进中国林业走出去，强化林业标准实施监督与示范，增强服务能力，全面提升林业标准化工作水平，为推进我国林业现代化、建设生态文明和美丽中国提供有力的支撑和保障。

尹伟伦强调指出，需要注意的是，标准化工作一定要调动多方面、全方位的积极性，如国家管理部门、企业、行业协会等，运用大家的智慧，与国情、产业行情及市场情形、科技发展情况有机地结合起来，稳步推进。要加强与时俱进的新理念在标准化工作中的推进。

第二节

污染修复，环京一体

随着我国国民经济的持续快速发展，能源消费的不断攀升，各种大气污染物排放量居高难下，远远超过大气环境容量。在近二三十年内，我国大气环境质量形势非常严峻，污染呈加重和蔓延趋势，灰霾天气频繁发生。以可吸入颗粒物（PM10）、细颗粒物（PM2.5）为特征污染物的区域性大气环境问题日益突出，大气污染已呈现多污染源与多污染物叠加、城市与区域污染复合、污染与气候变化交叉等显著特征。为改善空气质量和保护公众健康，2013年9月，国务院正式发布了《大气污染防治行动计划》，简称"大气十条"。明确提出了2017年全国与重点区域空气质量改善目标，以及配套的10条35项具体措施。从国家层面上对城市与区域大气污染防治进行了全方位、分层次的战略布局。

中国工程院立足我国经济社会发展需要和大气环境保护的宏观战略，由环境、农业和能源3个学部联合提出立项建议，分别于2013年和2014年组织开展了"中国大气PM2.5污染防治策略与技术途径研究"和"防治京津冀区域大气复合污染的联发联控战略及路线图"重大咨询项目。尹伟伦主持"森林植被对PM2.5污染的影响及控制策略"和"京津冀地区农林一体发展战略"两个重要组成课题，提出了"森林植被影响并控制大气PM2.5"的大气污染生物修复战略思想，以及"京津冀区域现代农田林网发展与大气污染联发联控"的农林一体化发展的战略思想（图4-25、图4-26）。

2015年，尹伟伦在全国政协会议上提出关注我国当前的大气污染问题。他认为，应抓紧研究雾–霾的分解机制，森林能够降低雾–霾的机制目前还不清楚，但是森林植被较多的湿地能够对雾–霾发挥沉降、分解功能，对于减少雾–霾是有益处的。他建议从研究湿地的治理和微生物在自然界对于分解PM2.5的作用入手，充分发掘林业的多种功能，力求"把森林引入城市，将城市建在森林"，实现城市发展与自然生态的和谐共生。

图 4-25 2013 年，尹伟伦（左四）参加"中国大气 PM2.5 污染防治策略与技术途径"咨询项目启动会（刘超 供图）

图 4-26 2016 年，尹伟伦参加防治京津冀区域大气污染战略研讨（刘超 供图）

气象科学应与更多学科、更多产业相互交叉，共同发展，推进生态文明建设。

一、森林对PM2.5污染的影响及控制

城市森林是城市生态系统的重要组成部分，森林是人类天然的空气净化器，能够产生明显的生态系统服务，既可以改善环境质量、生活质量，又有利于城市的可持续发展。中国城市森林调节空气质量的研究表明，城市森林可以有效去除PM2.5等空气污染物，提高城市空气质量。尹伟伦首

次开展了林木阻滞和吸收PM2.5等颗粒物的植物解剖学、生理生态机理研究，提出林木阻滞和吸收PM2.5等颗粒物的生理生态调控理论与方法，形成一套切实可行的林木修复环境污染的技术，为提高环境空气质量提供科学依据。

尹伟伦通过森林植被对大气污染的减尘、滞尘、吸尘、降尘和阻尘等作用的分析研究，发现森林可以改变空气流动路径以阻拦PM2.5进入局部区域，可通过覆盖裸露地表来减少PM2.5来源，可通过降低风速促进PM2.5颗粒沉降，在阻滞吸收粉尘、改善空气质量方面起着主导作用。尹伟伦通过对大气PM2.5中不同化学组分的测定与其来源解析，认为PM2.5颗粒物的化学组成复杂且多变，大致可分为无机成分和有机成分。他强调森林植被中树叶表面粗糙，或有茸毛，或能够分泌油脂或黏液的树种，能够依靠吸附、截留、吸收和转移空气中的颗粒物，吸收大气中的有害气体（SO_2、NO_x和HF）、水溶性无机离子（NH_4^+、NO_3^-和SO_4^{2-}），还能够吸收积累铅、镉等重金属气溶胶，以及多环芳烃等有机高分子化合物，可以有效地降低PM2.5等颗粒物及其前提物在大气中的浓度，从而起到净化大气的作用，还降低了PM2.5对人体健康的危害，也起到了经济效益。因此，植被覆盖度越高的地方，PM2.5等颗粒物浓度越低，更适合人们居住。

通过角质层或由气孔进入叶片是植物吸收、过滤PM2.5颗粒及其携带污染物的两种主要途径：一是PM2.5颗粒物或携带的污染物，透过植物角质层与表皮细胞，被植物吸收进入体内；另一种是通过植物气孔吸收，经过维管系统，进行运输和分布。对气态无机污染物而言，气孔渗透为主要路径；对疏水性极高的有机污染物，更多的是通过角质层渗透。

尹伟伦提出，利用植物阻滞、吸收、净化大气颗粒污染物来修复环境，比其他物理或化学方法修复环境更安全且成本低，是一种经济、有效、非破坏型的环境污染修复方式，树木修复空气污染的思想及其技术，对城市森林建设、园林绿化、环境规划和生态环境建设等具有直接的指导意义和应用价值。

此外，尹伟伦经过调研指出，森林植被向环境中释放的生物挥发性有机物（BVOCs）具有很强的还原性，在生态系统中是重要的化学信息传递物质，在调节植物的生长、发育、繁衍、抵御环境胁迫以及预防动物和昆虫的危害等方面具有重要的作用；其还具有杀菌抑菌、改变环境的氧化还原状态、改变空气对流层化学成分和全球碳循环的作用，且与人体健康密切相关。森林所释放的BVOCs占到全球植物排放总量的70%以上，是生态系统中主要的挥发性有机物VOCs来源。然而，树木释放的BVOCs、臭氧和PM2.5是彼此关联的。额外的BVOCs促进二次有机气溶胶和对流层臭氧的形成，从而改变空气对流层化学成分和全球碳循环，在一定程度上也会加剧PM2.5污染。

尹伟伦团队提出，利用森林植被影响和控制大气PM2.5污染的策略建议和树木修复空气污染的技术。针对污染环境区域，通过选择适宜树种及树种配置，发挥森林植被对PM2.5污染的吸收净化作用，控制BVOCs的排放，同时加大湿地恢复治理，构建低BVOCs排放、低污染的城市森林体系。选择对PM2.5及其前体物吸附、吸收和净化能力强，BVOCs排放量低的乔木、灌木、草本等植物；针对污染区的主要PM2.5污染组分差异，重点选择具有针对性吸收能力的树种，并根据立地条件，充分利用BVOCs的杀菌抑菌功能进行植物选择和合理配置，达到美观、适用、保健三位一体的效果。适当增加乔木比例和常绿乔木数量，实施乔木、灌木、草本景观合理配植技术，形成多行式、复层结构绿地，并适当增加绿植高度和具有保健功能的植物，提高绿地对PM2.5的吸收能力的同时，形成健康稳定的、具有保健功能的森林群落，可最大程度地发挥绿地改善生态环境的作用。

二、京津冀地区农林一体发展战略

京津冀区域（北京、天津和河北）作为首都经济圈和三大城市群之一，同时也是重污染的高发区，重霾污染频繁出现。尹伟伦从京津冀区域农业与新型城镇化发展角度，提出了"京津冀区域现代农田林网发展与大气联发联控"的大气污染防治战略；并将其并入了项目组中各院士联合提出的《加速京津冀区域能源和产业转型升级，以联发联控推进大气污染防治的建议》。

尹伟伦调查指出，在新型城镇化过程中，京津冀区域农村能源结构发生了变化。传统的化石能源虽然日益减少，但仍带来较为严重的环境污染，直接威胁人类社会的可持续发展。京津冀区域农村生活能源消耗仍存在问题：以煤为主，污染环境、危害健康；能源利用效率低，造成资源浪费；可再生能源开发利用程度低；能源基础设施薄弱。随着国家对生态文明、美丽中国建设和环境保护的高度重视，尹伟伦认为，推动可再生能源（如太阳能、水能、风能、生物质能等）和清洁能源（如天然气水化合物、氢能和核聚变等）的合理开发和利用，最终代替常规化石燃料，发展生态农业，保护和改善生态环境，已成为当今农村生活能源发展的趋势和新目标。

针对京津冀区域土壤质地较轻，容易形成农田扬尘，进而造成大气污染的问题，尹伟伦强调现代农田林网体系不仅可以降低农田扬尘，通过阻尘、减尘、滞尘、降尘、吸尘等作用减少PM2.5在大气中的含量，降低其对人体健康危害，还能发挥改善小气候、保持水土、改良土壤等防护效能，有效防止或减轻自然灾害，特别是气象灾害对农作物的危害，庇护作物健康生长，并且能维护交通、水利设施和农业生产安全，促进农业的高产、稳产。发达完善的平原农区防护林体系可使农田的粮食产量增加10% ~ 20%。

京津冀区域农田防护林建设取得了长足的进步，林木资源有了显著增加，生态环境得到了明显改善，农业产业结构得到了一定优化。但目前还不能满足对农田高效防护和从根本上改善生态环境，促进社会经济可持续发展的需要。京津冀农田林网协调发展面临的问题主要包括：防护林资源总量不足，区域发展不平衡；土地利用难统筹，绿化用地难落实；林网建设标准偏低，绿化成果巩固困难；投入渠道不畅，建设资金不足；且部门协作有待加强，工程管护水平有待提高。依据国外农田林网发展经验及未来趋势，尹伟伦认为京津冀区域农田林、防护林的建设要向4个方面发展：①向非永久性的农田防护林发展；②向田、渠、路的边隙地发展；③由宽林带、大网格向窄林带小网格发展；④从单一营造护田林带向建造农田林网化综合防护体系发展。同时，要按照"因地制宜，因害设防，适地适树"的原则，高标准建设林网，优化农田林网、林种、树种结构，改善农田生态环境，为农作物高产、稳产创造条件。

第三节

林业文化，贯古通今

人类从森林中走来，林业生态是我们祖先所处的主要生存环境。上下五千年，浩如烟海的林业史料，不仅见证了中华先民们筚路蓝缕开发利用森林资源的方方面面，同时也见证了中华先民们与自然和谐共处的可持续发展之道。2006年，由国家林业局负责，尹伟伦担任主编，北京林业大学承担，启动了《中华大典·林业典》的编纂工作，于2014年最终完成，历时8年（图4-27）。这是中国历史上第一部集古代林业经典之大成的类书，也是有史以来林业领域最重大的一项文化工程，它囊括了中国古代森林资源及林业科技与文化全部重要资料。先人的经验教训，对于穹顶之下饱受现代生态灾难、致力于构建和谐完善生态文明体系的我们，弥足珍贵。

在传承古典林业文化、发展现代林业和推进生态文明建设的时代背景下，《中华大典·林业典》出版意义尤为显著和深远：有利于总结我国林业的历史经验和教训，推动林业的科学发展；有利于深化全社会对森林的科学认知，提高林业的社会影响力和战略地位；有利于弘扬生态文明，积

图4-27 《中华大典·林业典》图书（刘超 供图）

极促进人与自然和谐；有利于学者和有识之士开展学术研究，传承和弘扬祖国极其珍贵的森林文化遗产。《中华大典·林业典》的出版，填补了一项空白，树立了一座丰碑。

在承接《中华大典·林业典》编纂任务之际，尹伟伦就明确确立了"以林业大典研究带动学科发展"的指导思想，在林业史研究方向招收博士生，一批具有扎实文史哲知识背景的学生被招收进来，直接参与《中华大典·林业典》的编纂工作。随着编纂工作的进行，又进一步设立了林业史研究方向的硕士点，学科体系逐渐完善，培养了林业史研究新生力量，使林业史的研究具有可持续性。尹伟伦作为主编和时任校领导，从人力、物力、财力等各方面给予了《中华大典·林业典》编纂工作以切实的支持，并大胆启用年轻的编纂团队。《中华大典·林业典》各分典的主要编纂人员，从主编到各总部负责人，当年大多都还是二三十岁的年轻教师或在读的博士生。尹伟伦信任这批朝气蓬勃的年轻人，他们珍惜机会，多方向前辈请教，以饱满的激情、充沛的精力和审慎的态度，倾注全力完成了《中华大典·林业典》的编纂工作。

一、文化遗产，古为今用

《中华大典·林业典》由尹伟伦担任主编，整部林业典分为：《森林培育与管理分典》《森林资源与生态分典（上、下册）》《森林利用分典》《林业思想与文化分典》《园林与风景名胜分典（上、下册）》，共5个分典7册，共计1500余万字，囊括了中国古代森林资源及林业科技与文化全部重要资料。

（一）《森林培育与管理分典》的内容与思想

按照主编尹伟伦的建议，《中华大典·林业典·森林培育与管理分典》辑录从先秦到晚清的历史文献中与林木培育、森林经营和管理有关的资料，按照森林培育与管理总论、森林培育、树木灾害及防治、森林经营管理以及林政与法规5个总部汇编成册。

森林培育与管理总论总部从林木与野生动物的概念出发，包括森林概念、森林特性、森林效益和劝导兴林4个部分。按照许慎《说文》的解释，"木""林""森"都是象形字。"木，冒也"，表示冒地而生之物，"下象其根"；"平土有丛木曰林"，"森"则是"木多貌"。尹伟伦指出，古人不仅认识到森林巨大的经济效益，也注意到并充分发挥森林在水土保持、防洪固堤、调节气候等方面的生态效益。正是认识到森林的多功能效应，历朝历代有为的统治者都注重劝导百姓植树兴林，除了种桑植果之外，还应在大路两旁遍植杨柳，清·尹会一《健余先生抚豫条教·劝课农桑》提道："村尾沟头、篱边屋角并盐碱、飞沙之地，不拘桑、柘、枣、椿、杜、榆、柳等树，当其春气方动，农务未兴，必须及时栽植。"对于种树有功的，要"递加奖励"；对于弄虚作假的，要"加倍罚种"。

森林培育总部是本分典的主体内容，分为森林培育类型、森林培育措施和主要树种栽培3个部分。培育类型按照官府、农民和园圃公司三大主体进行划分。培育措施则从适时栽培、适地适树、精心栽培和细致抚育4个方面，反映了古人植树养花的思想和技艺。主要树种栽培部分共辑录了200多种乔灌木栽培的史料，包括松、柏、杉、杨、柳、桐、槐等30多个用材林、防护林树种，枣、栗、桃、李、枸杞、杜仲、荔枝、银杏等近60个经济林树种，梅花、杏花、桃花、牡丹、紫荆、玫瑰等50多个观赏树种，以及青杨树、檀树芽、女儿茶、牛奶子等近百个救荒树种，其他难以分类的树种还有荆、棘、木棉树、无患木、花梨木、楷木、檀香等50多种。

树木灾害及防治总部收集了我国古代关于树木遭遇火灾、风灾、雨雪灾、病虫害和盗砍滥伐的记录，以及相应的预防和治理措施。其中有些防治措施到现今都还有现实的借鉴意义，如以黄蚁治柑橘害虫的方法。

森林经营管理总部整理了古人在森林的经营管理方面积累的丰富经验。一是在春秋战国时期就出现了山林规划的思想，开展了山林调查的活动，"书土田，度山林""以知山林、川泽之数"。二是形成了"斧斤以时入山林"的保护自然、顺应自然的思想，并付诸官府和民众的行动。三是从狩猎、采集发展出了对野生动物的驯养，以及对野蚕、白蜡虫、五倍子蚜虫等森林经济昆虫的饲养。森林经营管理的实践也促进了林政管理体制和制度建设的发展。

林政与法规总部为本分典专设，记录了古代有关林业官制、林业法令规章、林业案例、林业赋税、山林交易和主要林业人物。我国自古有着较为系统的林业管理机构，《周礼·天官》记载："（周）以九职任万民：一曰三农，生九谷；二曰园圃，毓草木；三曰虞衡，作山泽之材；四曰薮牧，养蕃鸟兽。"尽管后世在不同时期有不同的称谓，但掌管林业的职官设置却几乎一脉相承，相应的法规律例也愈加完整、细化。林业人物部分撷取了上百个历史上为林业作出突出贡献的人物传记，包括种树富民的郑浑、树皮造纸的蔡伦、栽杨护堤的苏轼、植柳凿井的于谦、丁忧植树的张志宽、捐俸购种的王元臣等。

（二）《森林资源与生态分典》的内容与思想

森林中蕴藏着丰富的动植物资源，很早就受到了人们的关注，留下了丰富的文献史料,成为研究古代博物学的重要文献。但由于中国古代缺少专门的博物学著作,这些资料大都散见于浩如烟海的文献典籍中;尹伟伦提出编纂《森林资源与生态分典》,其目的就是整理这些文献史料,便于当代学者更深入地研究。为此,《森林资源与生态分典》最终确立了森林分布、森林植物、森林动物三个总部的主体框架。

森林分布总部下设9个部,即森林分布总论部、华北部、东北部、华东部、华中部、华南部、西南部、西北部、港澳台部。总论部收录介绍全国森林情况,或者跨大区森林情况的资料。在各部中,主要收录森林或树木地理分布方面的文献史料,也有少量属于森林综述方面的资料(列森林分布总论部)。资料收录的原则是,凡属于现代中国疆域范围内的资料,或者属于当时中国疆域范围内的资料均予以收录,不收录除上述两者之外的外国森林的资料。本总部的资料,多出自各种地方志,少部分为史书中的食货志、地理志,以及多种别集、游记等。如《新唐书·卷二百一十五》《唐国史补》曾有"北平多虎"的记载。《金史·卷七九·张中彦传》记载:"正隆营汴京新宫,中彦采运关中材木。青峰山巨木最多,而高深阻绝,唐、宋以来不能致。"

森林植物总部包括木部、果部、草部、竹部、菌部。木部主要收录有关乔木的古籍资料,也酌情收录灌木及野生园林花卉植物的资料,农业上大量栽培种植的桑、茶等资料未收录。果部主要收录有关木本果树的资料,包含少量藤蔓类果树资料。草部主要收录生长在山林树木下的各种野草类资料,草本园林花卉植物和水生草类资料未收录。竹部收录各种竹类资料。菌部主要收录木耳、蘑菇、茯苓等真菌类植物资料。

森林动物总部根据中国古代森林动物文献资料的分类特点,共设森林动物总论部、禽部、兽部、虫部和森林其他动物部。森林动物总论部主要收录有关森林动物总论性的资料,以及多种动物合论的资料;禽部主要收录与山林有关的鸟类资料,包括猛禽、鸣禽、陆禽、攀禽、涉禽、游禽等;兽部主要收录与山林有关的哺乳动物资料,包括食肉目、有蹄目、啮齿目、翼手目、食虫目、灵长目等;虫部主要收录森林昆虫方面的资料,包括直翅目、同翅目、鞘翅目、鳞翅目、膜翅目、双翅目、蜻蜓目、螳螂目、脉翅目、革翅目等。森林其他动物部收录未列在禽部、兽部和虫部中的其他森林动物方面的资料,主要包括多足纲、爬行纲、两栖纲等门类中的动物。有关鱼类等水生动物及海洋动物方面的资料、野生动物驯养及家畜饲养方面的资料,以及如凤凰、麒麟、蛟龙等一些带有神话传说性质的动物,均未收录。

尹伟伦带领众编者对数百万字的文献史料，反复核对推敲，花费了巨大的精力。中国古代森林植物、动物名称存在同名异物、同物异名、一物多名、一名多物的现象，古代与现代的动植物中文名也有很大变化。《尔雅翼·卷二·杜衡》载："草木所以难言者，以其名实相乱，每每如此。"李时珍《本草纲目·卷一六》"龙葵"条载："五爪龙亦名老鸦眼睛草，败酱、苦苣并名苦菜，名同物异也。"陈桥驿在《中国珍稀鸟类的历史变迁》序言中说："在这些志书中查索动物名称，通名与俗名混用，本名与别名交错，有时一名为数物所共有，有时数名却仅系一物。混乱颠倒，不胜其烦，鲁鱼亥豕，出错更属难免。"因此，在条目设置上，均以古代森林植物、动物名称为基础编列条目。有些古籍中的动植物名称，尚未考证出究竟是现代学科分类中的何种，或者对其学科分类存在争议，从保存史料的角度出发，也酌情收录，以备检索考证。

中华大典办公室在送审报告的复函中说："样稿整体质量较好。资料搜录较为广泛、内容较为丰富，标目符合大典要求，图录和文字的配合也较为合适，认真作了编辑工作，校对十分认真。"这是对《森林资源与生态分典》编纂工作的肯定。在这个浮躁与繁荣共生的时代，也算为文献整理和林史研究尽了绵薄之力。

（三）《森林利用分典》的内容与思想

《森林利用分典》囊括了上起先秦、下迄辛亥革命期间中国古籍中有关森林利用的资料，累计240多万字，包括木材采伐运输、木材加工利用、林特产品加工利用以及林产品贸易4个总部和22个分部。前3个总部对应于今日的森林采伐运输工业、木材加工工业和林产化学工业一起称为森林工业的三大组成部分。

尹伟伦梳理《森林利用分典》编撰，再现了古代先人在林业科学技术方面的智慧、利用森林的传统技艺以及丰富的生态文化内容。

《森林利用分典》体现了先人在林业科学技术方面的智慧。古代木材运输以水运为主，如要运出还得伐山开道，送到有河流的地区。陆运、水运、水陆联运，具体的运输技术在史料中常有呈现。在对木材加工利用的过程中，人们不仅更加熟悉了解木材的材性、质量和规格，而且一些技艺至今仍具生命力。比如，我国的一些木结构建筑经典《营造法式》《工程做法》等，对于现代建筑工业仍具指导意义。在对林特产品加工利用的过程中，山林野果的采集、加工和利用，无疑是后世果树栽培业和果品加工业发生、发展的历史文化源头。而在木材贸易过程中，先人更是发明了一直沿用到新中国成立后的"龙泉码"计量方式。

《森林利用分典》展现了先人利用森林的传统技艺，集中体现在《木材加工利用总部》。在这一总部中可以看到，先人用木竹材制造了各式各样的器具，具体分为居处类、文具类、武备类、农桑类、乐舞类、礼俗类以及其他类7个专题。而我国悠久的木结构建筑传统，无疑使建筑成为历代的木材利用大宗。交通和战争的需要，也造成大量的木材消耗。从这些史料中，我们可以侧面了解森林资源变迁的原因，同时也反思一些传统生活方式对生态环境造成的影响。

《森林利用分典》中也包含了丰富的生态文化内容。《诗经·商颂·殷武》描述了无数能工巧匠，凭借富饶的森林资源，创造了以木结构为主要形式的各类建筑。宋代诗人陈起的《课伐木》一诗从"午夜无依乌鹊冷，数声应恨月明中"到"穷猿无可择，飞鹊更何依"，再到"持钱赠汝勿更伐"，诗人为森林、动物发出了一声比一声急迫的呼喊。随着社会的发展，森林资源减少导致灾害不断。一些诗人不仅看到了伐木带来的后果，更难能可贵地对其因果进行了分析。清代诗人何绍基的《伐木》从同情黎民百姓的立场出发，对开山种田，梦想绿秧插到天而大肆砍伐树木，导致"云根将枯雨候薄""渐恐人间多旱年"的恶果进行了剖析。

（四）《林业思想与文化分典》的内容与思想

中华民族自古不乏生态智慧。古人在长期的生产生活实践中形成了尊重自然、顺应自然和保护自然的朴素价值观，并上升到"天人合一""道法自然"、追求人与自然和谐共生的哲学高度。习近平总书记提出"构建人与自然生命共同体"的概念，中国将生态文明理念和生态文明建设写入《中华人民共和国宪法》，纳入中国特色社会主义总体布局。正是在这一思想的指引下，尹伟伦积极推动《林业思想与文化分典》的编纂，该分典辑录了我国古籍中与林业有关的生态思想、管理哲学和生态文化等内容，分为林业思想、森林植物文化、森林动物文化、动植物图腾与神话以及山林游栖文化5个总部。

林业思想总部设立了天人和谐、森林功效、林业科技、林务管理4个主题，主要关注古人对森林生态、林业产业等问题的认识，涉及林业技术及哲学、经济、政治、管理等多方面的知识，以较全面、系统地反映传统林业思想的概况及发展过程。"天地变化，草木蕃"。花草树木是大自然赐予人类的良好生境，也是反映"天人和谐"的晴雨表。"斧斤以时入山林"，材木才能"不可胜用"，这种永续利用自然资源的朴素认识，正是中国传统哲学核心思想"天人合一"的精华所在。

森林植物文化总部分设4个部，即木文化部、花文化部、竹文化部和草文化部。木文化部主要辑录松、柏、槐、桐、杨、柳、桃、李等传统文化中常见的树种文化资料。花文化部，收录中国古籍中有关梅、牡丹、菊、兰、月季、杜鹃、山茶、荷、桂、水仙十大名花文化的资料。竹文化部，收录有关竹类文化的资料，其经目又设总论、竹品、竹居、竹器、饮食、礼俗、绘画7个方面的内容。草文化部，收录古籍中具有大量记载的、有丰富文化符号意义的草类资料，主要有菖蒲、萱草、蓍草、茅草、芸草、豆蔻6种。

森林动物文化总部主要收录中国古代典型森林动物方面的文献史料，除总论部外，分设虎、狐、鹿、猴、鹰、鹊、燕、鹤、雁、蝶、蟋蟀、蝉、蛇等13种动物文化部。本部分所收材料凸显古人诗以言志、文以载道的传统，各部之中均设总论旁喻条目，除收录对该动物总体文化特征加以概括的介绍材料，还收录由此动物表象延伸而出的具备各种文化特征的资料。其他条目设置则为不同动物所代表的不同文化意境，如"通灵晓性""雅洁寿情""花语蝶舞"等。

图腾与神话是先民们对自然界认识的一种反映，在很大程度上已经成为一个民族的重要文化基因。先民们认为自身祖先来源于某种动植物，或与其发生过密切关系，由此产生诸多动植物图腾崇拜与神话传说。动植物图腾与神话总部辑录了我国古代涉及动植物图腾与神话的典型史料，下设总论、麟、凤、龟、龙、木、草、禽、兽9个文化部。尹伟伦指出，透过这些现象，能够清晰了解古人依托自然、崇敬自然的观念与行为。

山林隐居和山林游观，是我国古代文化的一个重要组成部分。本典专设山林游栖文化总部，包括山居文化和山林游观文化两个部分。山居文化部主要收录山林隐居的思想、观念、特征及其生活情形、经验和常识等，尤其是传统文化中独特的隐逸思想。山林游观文化部又分"帝王巡禅"和"文士游观"两个部分，从中可以理解古代帝王将相和文人墨客有关山林游观的思想观念、特点性状、制度风俗、神话传说等，以及在山林中进行的多种游憩活动。

（五）《园林与风景名胜分典》的内容与思想

中国园林是文化史上的一个奇迹。不同于西方的规则式园林，中国园林以师法自然、因地制宜为基本原则，摹山范水、树木莳花，居处建筑力求与自然环境相融合，实践着与山水自然不离不弃的诗意栖居旨趣。尹伟伦特别重视《园林与风景名胜分典》的编纂工作，积极推动团队搜集、查找、整理、编辑中国园林的资料数据，从大量数据和著作中搜集涉及园林学科的章节、段落、数据，归入相应的园林类经目。《园林与风景名胜分典》汇集了中国古代园林史料，共设4个总部：园林综述总部、园林植物总部、历代园林总部、风景名胜总部。

园林综述总部是《园林与风景名胜分典》中提纲挈领的一个总部。收录有关园林活动的思想渊源、具有理论及技术指导意义的数据。其中的总论部收录一般性、总体性的数据，涉及造园活动必须处理的主要因素，如山地、水体、建筑等内容。造园理论部展示与园林活动有关的、或显或隐的思想渊源及联系。造园技术部收录的资料涉及筑山理水、工程法式等园林建筑技术层面。

园林植物总部共设总论、木本植物、草本植物、植物配置和植物小品5个部。总论部收录关于园林植物的综合性资料，分海论、花木之意、花木之匠、古树名木等部分。木本植物部和草本植物部收录的是园林植物配置中经常使用的植物种类的性状特征及相关事件数据。植物配置部收录植物在园林造景中的搭配、综合情况，分成综合配置、植物与建筑、植物与水石、植物之间几个分部。植物小品部收录古典园林中的篱槛屏障、植物盆景、植物插贮等植物小品。

历代园林总部大体按照朝代线索，收录历代有关园林情况的信息，如造园初衷、过程、园林布局、园居生活等资料。本总部分成为5个部：总论部收录的资料涉及园林兴衰、变迁或一时一地的园林整体情况；帝王宫苑部收录历代帝王宫苑为主，包括皇家园林、行宫、苑囿，皇帝宗亲、诸侯王的宅第中富有园林特色的建筑与园景；私家宅园部收录个人在城中的园林、庭宅，以及在郊野、山林、湖畔等风景胜地所建的别业、别墅、隐居处等资料；园林寺观部收录佛寺道观的附属园林的数据，包括寺观园林主体建筑群的庭院布局、寺观的附属园林以及寺观周围的自然环境；衙署园林部收集州县治所、衙门的附属园林或官员居处的环境景观；书院－读书处部辑录古代学校或名士讲学研修或读书处的园林；其他园林部收录小类园林数据，包括具有公共园林性质的官方修治的游观处或行乐处，以及祠堂、驿站、会馆、酒肆茶馆的附属园林等。

风景名胜总部根据所采集的各种风景名胜资料的内容，以其内在特质和外在景观特征所反映的核心价值为基本依据，大致分为人文名胜部、山林风景部、水文风景部、泉石风景部和风景名胜总论部5个部。其中，人文名胜部收录与中华文明形成和发展关系密切，历史文化遗存、遗迹积淀深厚的风景名胜资料；山林风景部收录以森林、山体等山岳地貌和景观为主要特征的风景名胜数据，侧重于山岳本身的自然生态价值和游憩观赏价值；水文风景部收录以江、河、湖、海为主体的各种天然及人工河流水体为主要特征的风景名胜数据，并包括江山、湖山和一些江边湖畔的建筑名胜；泉石风景部收录以泉、涧、瀑、溪、潭和石林、岩洞、钟乳石等为主要特征的风景名胜数据。

（六）《中华大典·林业典》整理编纂工作的思考

尹伟伦团队整理《中华大典·林业典》的编纂工作，总结出普查与倒查相结合的史料搜集方法、传统学术与现代学科相结合的编纂方法、自然科学与人文社会科学相结合的跨学科研究以及关注森林资源与生态环境的历史变迁几方面的经验和价值。

第一，普查与倒查相结合的史料搜集方法。《中华大典·林业典》是汇集林业史料的大型类书，为了保证本书的编纂质量，团队把广泛的史料搜集和严格的史料筛选相结合。我国古代林业未自成体系，相关的林业资料也多散落于浩如烟海的古籍之中。因此，在编纂《中华大典·林业典》的过程中，根据林业史料的特点，团队以近些年出版的《四库全书》《续修四库全书》《中国地方志集成》《中国方志丛书》等大型文献为基础，辅以其他大型历史文献典籍，如"中华书局二十五史"《丛书集成初编》《丛书集成续编》《全宋文》《全元文》等，展开广泛的史料搜集和整理，进行全员普查、分组编纂，在北京、山西、扬州、武汉、南昌、安徽等各地高校设立了6个普查点，并建立数据库对整体工作进行统计和跟进。在此基础上，对各地汇集的近千万字的普查资料，进行统计、整理、分类，为《中华大典·林业典》的编纂提供了资料基础。最后，依据古代大型类书文献、计算机检索系统以及现代研究成果，对搜集到的资料进行倒查，复核校勘，删除重复资料，补充缺漏资料。

第二，传统学术与现代学科相结合的编纂方法。《中华大典》是以传统学术方法为基础，立足于现代学科体系编纂而成的大型类书，如何结合现代学科体系，科学地划分条目，编设条目，关系到《中华大典·林业典》能否顺利编纂完成。根据中国古代林业史料的特点，团队依据传统动植物分类标准，融入现代生物分类方法，把传统的动植物分类体系与现代学术规范相结合。例如，首先依据传统动植物的分类体系，将森林动植物分为木类、果类、草类、竹类、菌类、禽类、兽类、虫类、森林其他动物类等，在此基础上纳入现代生物学的分类方法。如兽部主要收录了与山林有关的哺乳动物，条目大体按照食肉目、有蹄目、啮齿目、翼手目、食虫目、灵长目的顺序排列。

第三，自然科学与人文社会科学相结合的跨学科研究。《中华大典·林业典》的编纂涉及历史学、文献学、地理学、林学、生态学等不同的学科领域，在本书的编纂过程中，不同学科领域的专家学者共同努力，对提纲的设计、资料收录的范围、性质等进行了广泛的讨论，最后确定了编纂体例、编纂内容。史料收集的内容与形式，既有各种动植物的客观描述、地理分布，也有关于它们的历史典故、诗词歌赋等，它不仅为自然科学研究奠定了史料基础，也为历史文化研究提供了许多宝贵的史料支持。

第四，关注森林资源与生态环境的历史变迁。例如，《森林资源与生态分典》原名《森林资源分典》，在编纂过程中，为适应时代和社会发展的需要，根据尹伟伦等专家的意见，更名为《森林资源与生态分典》，以突显其生态功能，更好地为生态文明建设服务。在《森林资源与生态分典》中，团队发掘搜集了大量古代史书、方志、笔记、艺文中反映森林资源与生态环境变迁的宝贵史料。如北宋郑獬《虎说》记载安陆这个地方曾经有很多虎，但随着人口增加以及捕猎，虎的数量不断减少，最终老虎消失。由此，郑獬提出"天之生物与人迭为盛衰"，论述了森林动物与人类活动之间的关系。南宋魏岘记录了四明山森林的变化及其影响，他说："四明占水陆之胜，万山深秀，昔时巨木高森，沿溪平地竹木，亦甚茂密，虽遇暴水湍激，沙土为木根盘固，流下不多，所淤亦少，开淘良易。近年以来，木值价高，斧斤相寻，靡山不童，而平地竹木亦为之一空。大水之时，既无林木少抑奔湍之势，又无包缆以固沙土之积，致使浮沙随流奔下，淤塞溪流……由是舟楫不通，田畴失溉。"这是我国古代最早记载森林可以涵养水源、防止水土流失的文献。这些史料既为探讨我国林业的历史演变提供了宝贵的线索，也有让人们警醒和借鉴的历史经验教训。

二、以大典推进林业史学科建设

林业在生态平衡中的主体作用越来越重要，林业的发展必然要求林业文化研究的相应发展。中国林业史研究是以森林、林业、林学的历史发展为研究对象，其研究范畴包括森林资源的消长与演替、中国历代林政管理和法规、历代林业经营、森林利用及林业经济的发展、林业思想文化传统、林业教育和科技的发展以及我国林业历史人物的研究等。作为一个交叉学术研究领域，近代以来，农学、历史学、地理学、经济学、生物学、考古学等相关研究领域中都大量涉及林业史研究课题。随着时代变迁、科技发展，作为林业科学与历史科学、自然科学与社会科学交融深化的林业史研究，其范围逐渐扩展，内涵和外延也日益丰富。当前，生态文明已经成为全世界发展的共同主题，在推进生态文明建设的历史进程中，林业肩负着更加光荣的使命，承担着更加重大的任务。伴随人们对林业认识的深化，林业功能的不断转变，中国林业史研究视域也在不断开阔和丰富，这就要求林业史学科建设不断加强和完善。

（一）以大典推动林业史研究繁荣发展

中国林业有着悠久的历史发展进程，但中国古代史籍无"林学""林业"之词。我国先民从简单的、自发的利用森林，到有意识栽植、培育、经营森林，以及精细的林产品加工，逐渐积累并形成了比较系统的林业科学知识和生产技术，创造了灿烂的林业文化遗产。这些传统的林业历史文化知识，是我国宝贵的文化遗产，也是中国林业史研究的源泉。但直至新中国成立前，我国的林业史研究整体呈现自发的、分散的特征，林业史作为一个学科仍处于萌芽状态。

20世纪50—70年代是新中国林业史研究的发端时期。1952年，北京林学院、南京林学院、东北林学院等首批高等林业院校相继成立，林业教育与林业科学研究随之有条不紊地展开。专门的林业史研究方面，1951年，陈嵘将《历代森林史略及民国林政史料》修订成《中国森林史料》，这是新中国首部比较科学、系统地研究中国林业史的著作。南京林学院成立之后，林业遗产研究室成立，这是新中国第一个专门的林业历史文化研究机构。这一阶段，虽然学术研究多有曲折，但林业史研究开始有专门的机构设立，开启了林业史学科发展的先河。

20世纪80年代至21世纪初，我国林业史学科初步形成。20世纪80年代初，南京林学院首先恢复了林业史研究。1982年，北京林学院林业史研究室成立。1987年，中国林学会林业史分会挂靠北京林业大学正式成立，学会组织召开全国林业史学术讨论会和全国地方志经验交流会，编辑出版学术刊物《林史文集》和内部刊物《林业史学会通讯》。这一阶段的研究群体已不局限于林学界，更多学者从不同学科的多种角度探讨有关森林和林业的历史。此时也出版了诸多林业史研究综合性论著，对进一步提高林业史学术水平及完善这一学科，起到了重要作用。

在林业史研究中，由于历史上有关林业的文献、史料"散而未聚、聚而不全"，主要分散记载在浩如烟海的其他典籍中，给后人学习和利用带来很大不便。于是，2006年国家林业局启动了《中华大典·林业典》的编纂工作，由尹伟伦担任主编，整合北京林业大学和南京林业大学优秀的林业史研究专家教授和年轻的教授、研究生，系统地整理古代历史文献和文化典籍中有关森林资源生态、历代林政法规、林业经营管理、林业经济和利用、林业思想文化、园林风景名胜、林业教育科技以及林业历史人物的资料，从中总结林业历史经验和教训，历时8年的艰辛编纂，于2014年出版。这部皇皇巨著是中国历史上第一部集古代林业经典之大成的类书，也是有史以来林业领域最重大的一项文化工程。在国家推进生态文明建设、发展现代林业的时代背景下，其出版意义尤为显著和深远。它的正式出版，具有里程碑意义，填补了一项空白，树立了一座丰碑，加强了林业史学科建设，将林业史研究推向高峰。

（二）以大典推进林业史学位点建设

任何历史研究都需要相关文献史料的支撑，进行林业史研究，林业文献是研究的基础和保证。伴随着中国林业史研究的深入开展，系统的文献整理和典籍编纂势在必行。《中华大典·林业典》的编纂使林业史研究及其学科建设取得了一定成效。以北京林业大学为例，其于1982年创建林业史学科，1987年中国林学会林业史学会成立并挂靠在北京林业大学，使北京林业大学成为全国林业史研究的中心。自2006年开始的《中华大典·林业典》编纂工作的启动和进行，推动了北京林业大学林业史研究方向硕士点、博士点的建设。目前，北京林业大学成为全国唯一一个具有林业史研究方向博士点、硕士点的林业院校。

在承接《中华大典·林业典》编纂任务之际，尹伟伦就明确确立了"以林业大典研究带动学科发展"的指导思想。2007年，在北京林业大学林学院森林培育专业下重新招收林业史研究方向的博士生，一批具有扎实文史哲知识背景的学生被招收进来，直接参与《中华大典·林业典》的编纂工作。2011年开始在人文学院科技哲学专业下招收林业史方向的硕士生，例如，胡敏敏做硕士论文《民国时期京津冀地区林业变迁研究》，周五更做硕士论文《清代湖北木材贸易研究》。随着编纂工作的进行，林业史学科体系逐渐完善，培养了林业史研究新生力量，使林业史的研究具有可持续性。由此，"依托课题研究，进行学科建设"的设想得以真正实现。可以说，《中华大典·林业典》的编纂，从多方面有利于北京林业大学林业史、园林史博士点的建设，不仅能为国家培养大批社会所急需的高层次、高质量专门人才，还能广泛地开展科学研究，取得了一大批既有重大的社会效益、经济效益，又有重要学术价值的科研成果。

林业史学科的毕业生已经在学术界崭露头角，成为国内高等学府、科研院所、行政机关、企事业单位的青年骨干和生力军。但是，目前全国高校只有北京林业大学设有专门的林业史方向的博士点和硕士点，这非常不利于林业史学后备人才的选拔和培养。所以，今后必须加强高校，特别是农林类高校的林业史学科建设，加强林业史学科硕博连读研究生培养等。只有这样才能推动林业史学不断向前发展，促进林业史学的繁荣，进而为当今的林业建设提供更多、更宝贵的经验和教训。

（三）以大典推动林业教育发展

林业史学科建设必然离不开林业教育，林业教育的方针是明确的。"十年树木，百年树人"为古之明训，林业教育肩负着"树木""树人"的双重任务，为了"树木"，首先"树人"，是林业高等教育培养人才的目标，应当"青胜于蓝"，随着时代的前进，不断地提出更高的要求。未来的林业专家，不仅应当具有较高的政治觉悟和爱国热忱，在林业科学的学术领域更应"兼通中外，学贯古今"。在林业教育中，特别是林业高等教育中，应当对学生系统地讲授一点林业史知识，这既是掌握林业科学技术的需要，也是振奋民族精神、提高文化素质、弘扬民族文化、培育爱国精神的需要。

改革开放40年来，林业史这一学科在林业院校的教学中，一直是被忽视的课题。有关林业史的内容在本科课程中多局限于零敲碎打、偶尔提及、或多或少地反映在一些课程的绪论中，林业院校培养的学生对国内外林业、林学的发展、祖国的林业文化和民族的林业科技遗产知之甚少，这不能不说是林业教育中的一种欠缺。

历史科学是人类反省自身的科学，代表着人类的智慧、认识和文明的水平，以史为镜，可以明得失、知兴衰。因此，研究中国林业史、园林史的现实意义，不仅在于它是林业、园林物质建设的一个方面。以史为鉴，探讨人与森林的关系和林业科学发展的规律，总结林业历史的经验教训，挖掘祖国林业科学遗产，所谓"述往事，思来者"。同时也是林业精神文明建设的重要方面。通过林业史课程，可以使学生了解祖国林业文化的源流，了解林业历史人物、林学前辈的业绩，从中汲取前人的智慧和精神力量，增强民族的自尊心和自信心。同时，森林是人类的诞生地和摇篮，伴随着人类度过了襁褓时期和童年。森林与人类的关系尤为密切，不仅包括多方面的生产，并且成为具有民族特色的林业文化（诸如林业文学、茶文化、漆文化、竹文化等），成为我国五千年灿烂文化的组成部分。

《中华大典·林业典》的编纂工作，开拓了如此广阔的林业史学术领域，这既是当代林业教育工作者的任务，也必然吸引更多的青年学子进入这一五彩缤纷的园地。放眼世界，汲取当代世界先进的林业科技是我国林业现代化的必需，而更深层次挖掘中华民族和世界各民族的林业历程，也是林业现代化的必需，它将有助于把握未来林业和林学的发展，并成为激励青年学子为祖国林业献身的动力和精神支柱。在《中华大典·林业典》编纂过程中，通过对已有研究成果的分类、梳理、归纳、总结，从而探究林业史学发展的规律，继承前人的优秀成果，填补学术空白和薄弱环节，进而开拓新的研究领域。同时，通过对林业史学发展史的研究，努力揭示林业史学发展的时代特点，找出林业史研究存在的问题，找到未来努力的方向，促进林业史研究的科学、全面发展。

三、以大典带动人文子学科创新发展

（一）以大典促进学子潜心林业史研究

由于《中华大典·林业典》的编纂工作任务重、责任大、历时长，尹伟伦提出学科组教师要积极鼓励学生参与这项工作，做一些力所能及的事情。学生在工作过程中能够接触到平时在教室里和书本上学不到的知识，可以身临其境地处于林业史研究的大环境中，不仅能对"林业史专题"课程的学习有更深刻的理解，同时也能激发其钻研、探索未知领域的兴趣。林业史研究方向培养的博士生潜心林业史学术研究，利用林业典文献发表期刊论文，撰写博士论文。

李飞（2010）的博士论文《中国古代林业文献述要》，采用传统文献学方法，首次对中国古代基本林业文献进行研究，明确古代林业文献的概念界定，介绍了中国古代林业文献在古籍中的史料分布情况，对古代林业文献的发展脉络作了简单的梳理和勾勒，启发学者深入开展林业历史文化和林业思想研究。中国古代林业文献述要可以看作是林业史研究和学科构建的基础性工作。

郑辉（2013）的博士论文《中国古代林业政策和管理研究》，以中国古代林业政策和管理为研究对象，对先秦至明清时期林业政策内容、影响和管理职能、机构设置情况进行了整理分析。首次采用林木保护、林木培育和林木利用3个指标体系分析各个时期林业政策和管理的特点；以林业政策和管理重点变化为依据，展示中国古代林业政策和管理的演进态势，填补了学界关于我国古代林业政策和管理通史研究的空白。

刘雪梅（2013）的博士论文《生态文化视野中的中国古代山居文化研究》，以古代正史以及一些地方志和诗集文集等古籍资料中有关山居隐逸的内容为研究的第一手资料，梳理了山居文化产生和发展的历史沿革，探究了山居文化产生和发展的自然地理环境和生态思想文化背景，阐述了隐士文人们在饮食、居住环境、山水行游等山居生活方面蕴含的朴素的生态伦理思想和情怀，论述了山居文化对当今生态文化建设的意义等。

北京林业大学作为全国林业史研究的中心，培养学生既注重学术积累，又重视学术创新，不断产出高质量科研成果，始终站在林业史学术发展的最前沿。《中华大典·林业典》的问世，毫无疑问有利于现在的学术研究和公共服务功能的发挥。

（二）以大典拓展林业史研究新领域

《中华大典·林业典》的编纂使得林业史和园林史研究进一步受到学术界的关注，吸引越来越多的青年才俊投身于林业史和园林史学科建设。林业史和园林史研究及学科建设拥有的诸多方面的生力军所积蓄的潜能，在当今良好的社会、政治、经济、文化、学术环境中，到了即将迸发、施展作为的新时期。具体拓展研究新领域如下：

第一，参与国家林业发展重点课题研究。协助林业主管部门、科研机构、重点企业对林业发展所要解决的重点专题、区域性专题、填补空白的专题等进行现实调查和历史研究。第二，扩展和延伸常规的林业研究课题。以当今历史的新高度和新视野，对以往常规林业史研究范畴的课题，进行再研究、再认识。第三，加强林业各学科的历史研究。林业各学科不仅重视做好现实需要的"短平快"科研项目的研究，同时争取条件对本学科的历史进行研究、积累。第四，开展多学科相互交融、相互促进的联合研究。应用新兴科学技术手段，多学科融通协作，进行多角度地联合研究、信息共享、资源整合。第五，总结林业史研究规律、经验理论和方法研究。将林业史研究的实践成果，加以分析思考、综合升华，形成关于林业史研究的理论认识，再指导新时期的林业史研究。第六，加强林业教育和林业史教育研究。以国内外林业史研究成果，为当前高等林业院校建设提供资讯参考和学术支持，促进林业院校开设"中国林业史"通识课程，提供教材和教学支持。第七，加强地方林业史志研究和综合资料利用研究。以地方政府、林业部门和当地专家为主体，进行地方林业史各种课题研究和地方林业志编写工作，进行更高层次的研究。第八，撰写林业史回忆录。新中国成立前后参加林业战线工作的老一辈领导、专家学者、工作同志，对现代林业的发展有深厚的感情和亲历的经验，蕴存着林业史研究的宝贵精神和资料。将这一批老同志心中的林业史料挖掘记载下来，对今后林业史研究具有深远的历史意义。第九，做好当代林业史资料编辑、积累工作。当代信息载体丰富，各种林业活动随时都有文档和媒体记载。在此基础上，从林业史研究的角度去跟踪搜集、整理、编纂林业大事记、资料汇编及林业时事等。第十，增加国际和港澳台学术交流。林业在人类生态文明建设和国家经济社会发展中的重要地位越来越得到国际社会的普遍认识和重视，对世界上发达国家林业发展的历史和林业史研究的历史与现状要加强研究、引进借鉴。

为了加强中国林业史学科建设，拓展林业史研究新领域，同时提高农林高等学校学生的综合素质，造就新世纪林业建设复合型人才。《中华大典·林业典》编纂组的老师们，针对林业史学术研究发展，采取了以下具体措施：第一，改进林业史课程的教学方法和手段。针对不同的授课对象因材施教，针对本科生、研究生实施不同的培养方案，利用多媒体等现代教学手段实施教学，鼓励学生参与林业史的研究实践。第二，组织林业史课程的教材编纂。在我国林业院校中，北京林业大学开设有"林业史专题"课程。2017年底，由李莉主编的《中国林业史》出版，这是国家林业局普通高等教育"十三五"规划教材，也是国内第一本介绍中国林业历史发展过程的通识教材。全书以史为线，从先秦至现当代划分为8个历史阶段，主要从森林资源分布与变迁、森林培育与利用、林业科学技术、林业政策与管理、林业思想与文化等方面进行阐述。该书涵盖古今，内容丰富，图文并茂，通俗易懂，便于教学。《中华大典·林业典》的出版，为教材建设、课程建设提供了源源不断的素材。

（三）以大典促进林业古籍数字化建设

任何历史研究都需要相关文献史料的支撑。进行林史研究，林业文献便是研究的基础和保证。虽然目前中国林业史研究不是显学，但仅20世纪以来积累的文献资料已不胜枚举，做历史研究之梳理，可窥学科发展之脉络。伴随着中国林业史研究的深入开展，系统的基础性文献整理必不可少。尹伟伦主编的《中华大典·林业典》通过对不同时期的著作进行仔细分类和比较，并对已查得的林业古籍从内容角度进行了排查，剔除了价值不大的古籍，形成了一个较为全面、有序的体系，使林业文献更具连续性。

《中华大典·林业典》的完成为林业资源数据库建立奠定了很好的基础。将《中华大典·林业典》收集的古籍以扫描或者人工录入的方式进行电子化处理，逐步建立大型林业古籍数据库，推动传统资源现代化，促进了文献的研究，最大程度地发挥文献的利用价值，极大地方便学者查寻资料和开展研究。林学、林业史的研究人员不必花费大量的精力在古文献的搜集和阅读上。还省去了学者的翻检之苦，而且通过古籍断句和自动翻译功能，使得再深奥的古籍也能为学者顺利理解接受。这样可以让林学研究者有大量的时间和精力投放在学科本身，提高研究的效率。

林业古籍的体系化能够最大程度地填补林业历史研究的空白，促使人们在历史发展中探索和发现中国古代林业的多元形态、整体价值以及继承轨迹。因为中国古代文献文本的内容大多具有延续性和积累性。例如，单部典籍《尚书》，有学者从《尚书》中涉及的植物、动物、平治水土、虞官等情况看古代林业的发展状况。但是，《尚书》在历史过程中的存在形态是多样的：从先秦诸子，到汉代的谶纬观念、宋代的理学建构，一直到清代的集大成研究，观念也有其衍变的脉络，而其中涉及的林学观念也是有其迸发的历程。数字化建设极大地推动了林业史的宏观研究、林学、林业史观念的轨迹化研究。

《中华大典·林业典》将我国历代林学研究成果推向体系化、数字化，做好林业文化传承的同时，保持开放性，面向社会。建立林业数字库，可以在短时间内查询到大量林学信息，这无疑为林业研究提供了学术便利，拓展了学术研究视角。

四、以大典培育古代林业史师资队伍

学科的发展需要稳定的研究团队和薪火相传的学术力量。《中华大典·林业典》是集体智慧的结晶。8年的春来寒往，无数学者的矢志不渝，终成一部辉煌著作。《中华大典·林业典》的编纂培养了一支结构合理、高素质的专业化队伍。众多专家学者、青年教师、研究生参与了《中华大典·林业典》的编纂工作，为构建、培育林业史、园林史及中国古代生态文明与当代生态文明的学术队伍和师资队伍提供了人才沃土。

（一）大典工程助力林业史队伍新老传承

《中华大典·林业典》的组织编纂工作由国家林业局负责，尹伟伦担任主编，北京林业大学和南京林业大学负责各分典的编纂工作。由专家学者牵头，制定内容框架及整体编写模式。坚持不懈、认真严谨是老一辈留下的十分珍贵的精神财富，同时他们认真严谨的学风也深深感染了每一位工作者。

北京林业大学设立了专项科研经费，并有意向林业史研究方向倾斜，在面向青年教师的"科技创新计划"中设有"人文社科振兴专项计划"，这使得许多年轻教师可以申请到林业史研究方向的课题。教师在独自承担课题、开展课题研究的过程中，无疑会使其教学和科研能力得到进一步增强和提高。同时，林业史研究方向继续招收博士生，一批具有扎实文史哲知识功底的学生被招收进来，直接参与《中华大典·林业典》的编纂工作。随着编纂工作的进行，又进一步设立了林业史研究方向的硕士点，学科体系逐渐完善，培养了林业史研究新生力量，使林业史的研究具有可持续性。不管是老师还是学生，大家分工合作、勠力同心，心无旁骛地扑到了编纂工作上，形成了老、中、青结合的合理研究团队。这种"以老带新"的模式，不仅为《中华大典·林业典》的编纂注入了年轻的活力，而且老一辈学者谨慎认真的态度同样值得年轻一代学习。让后辈们在课题项目中学习、在研究中促进学科发展，薪火相传。

（二）大典工程培养林业史专业人才

北京林业大学是全国林业类高校建设的第一梯队，众多师生参与了《中华大典·林业典》的编纂工作，为构建、培育林业史、园林史的学术队伍和师资队伍提供了人才基础。

首先，参与编纂工作的就有大批的年轻教师和研究生。他们经历其中、奉献其中，深受林业史知识的滋养。在做中学，学中做，使理论知识与实践相结合，提高了学习效果。参与这项伟大工程本身就收获了丰富的研究工作经验与学术研究精神。将优秀学子充实到教师队伍中，亦成为林业史研究的新生力量。

其次，编纂工作同时也培养了无数专业的学者。《中华大典·林业典》完成后，2015年，由主编尹伟伦牵头，严耕教授负责，获批一项科技部基础专项课题"中国森林典籍志书资料整编"，时间延伸到了民国时期，参加的人员大部分还是《中华大典·林业典》编纂时的骨干。林业史研究的新生力量诞生在编纂工作中不断成长。一批既有自身的学科训练，同时又有科研经历和教学实践的中青年教师脱颖而出，已经成为北京林业大学林业史学科建设和教学的中坚力量。

最后，《中华大典·林业典》是最好的林业史学教材。常言道，以史为鉴可以知兴替，学习林学不能不知道它的"前世今生"。《中华大典·林业典》的出版为培养专业人才奠定了坚实的基础。《中华大典·林业典》汇集了从古至今、分门别类的林业知识，从森林资源到生态分布、从园林志趣到思想变迁。无论是作为课外延伸阅读，还是专业教材，都是培育林业史研究人才必不可少的。十年树木，百年树人，只有从本科教育抓起，研究生教育深入，才能促进研究队伍逐渐壮大，成为中国林业史研究的中流砥柱。

（三）大典工程促进林业史研究可持续发展

《中华大典·林业典》的出版，既是尹伟伦、熊大桐等老一辈专家研究心血的总结，也是林业史学的一次汇总，是对学术研究的认可。青年教师与研究生也得到了充分的锻炼，构建了"以老带新，薪火相传"的教育培养模式；师资队伍的建设有利于林业史知识的传播。教学相长，培养骨干教师团队一方面便于传授林业史知识，丰富教学体系；另一方面，也有利于学术探讨与研究，从中发现新的问题、新的方案。最后，师资队伍是发展之根本，无人则无未来。一支由院士、教授、副教授、青年讲师组成的有层次的师资队伍，奠定了林业史研究继续向前探索的基础。

为了更好地推进林业史、园林史及中国古代生态文明与当代生态文明学术队伍和师资队伍的建设，应当从以下两点来发力：

第一，完善林业史本科生教育课程体系。《中华大典·林业典》作为承载了从先秦到辛亥革命林业知识的集大成著作，走进本科教学的课堂，既可以丰富课程内容，又培养了学生对林业史研究的兴趣。通过增设专业选修课的模式，将《中华大典·林业典》的5个分典分别开设相关课程，由同学们根据自身学习兴趣选择。加之，北京林业大学部分教师直接参与过《中华大典·林业典》编纂，可以通过实际案例教学，将科研方法、经验传授，为同学们未来走向学术之路做铺垫；亦是教学相长，在课堂与同学们的观点碰撞，激发学术灵感。

第二，从林业史、园林史出发，逐步扩大研究范围，将中国古代生态文明与当代生态文明等新兴课题囊括其中。正如习近平总书记所说，生态文明建设是关系中华民族永续发展的根本大计。《中华大典·林业典》的编纂，总结了上至先秦，下迄辛亥革命的林业发展史，以史为鉴、为我所用，在新时代，需要把学术研究同国家社会发展相结合。因此，将研究范围延伸到生态文明角度是十分必要的。《中华大典·林业典》工程为我校提供了一支经过实践检验的优秀学术代表队伍，以此为契机，从本科生课程体系完善、促进林业史研究室发展、招收优秀研究生、科研项目拓展等全方面宽领域构建可持续发展的、科研实力雄厚的学术队伍与师资队伍。

参考文献

汴吉. 同心协力、盛世编典:《中华大典·林业典》编纂工作简述[J]. 生态文化, 2016(1): 8.

樊宝敏. 中国林史学科的奠基人: 纪念张钧成先生逝世一周年[J]. 北京林业大学学报 (社会科学版), 2003(3): 69-74.

李飞, 袁婵. 魏晋南北朝林政初探[J]. 北京林业大学学报 (社会科学版), 2009, 8(1): 21-24.

李飞. 中国古代林业文献述要[D]. 北京: 北京林业大学, 2010.

李莉, 李飞. 中国林业史研究的回顾与前瞻[J]. 自然辩证法研究, 2017, 33(12): 93-97.

李莉. 林业史学科教学的探索与思考[J]. 中国林业教育, 2016, 34(2): 35-37.

刘雪梅. 生态文化视野中的中国古代山居文化研究[D]. 北京: 北京林业大学, 2013.

铁铮. 全国政协委员尹伟伦: 用情关注生态文明事业 用心推动美丽中国建设[J]. 国土绿化, 2016(3): 23-25.

阎景娟. 园林是一种志趣《中华大典·林业典·园林与风景名胜分典》[J]. 生态文化, 2016(1): 11.

尹伟伦, 翟明普. 建立灌木能源林概念并构筑林业可再生能源新产业链[J]. 生物质化学工程, 2006(S1): 91-95.

尹伟伦, 翟明普. 生物质能源与能源林业若干问题研究[J]. 生物质化学工程, 2006(S1): 7-8.

尹伟伦. 生态文明与可持续发展[J]. 科技导报, 2009, 27(7): 4.

尹伟伦. 要高度重视我国南方森林的灾后恢复重建工作[J]. 林业科学, 2008(3): 1-2.

尹伟伦. 尹伟伦: 双重危机下发展生物质能源是必由之路[J]. 中国三峡, 2009(11): 55-57.

尹伟伦. 中国林业发展战略调整与绿色GDP[J]. 风景园林, 2006(1): 9-11.

于甲川, 董源. 林业史研究的历史机遇与重任[J]. 林业经济, 2007(2): 66-68, 71.

张钧成. 关于林业史学科建设问题的思考[J]. 中国林业教育, 1991(2): 24-27.

张文涛, 严耕. 中国林业史学发展史研究述论[J]. 安徽农业科学, 2011, 39(17): 10291-10293.

赵阳, 顾磊. 林业古籍数字化建设及对林业研究的影响[J]. 兰台世界, 2015(2): 39-40.

郑辉, 严耕, 李飞. 曹魏时期邺城园林文化研究[J]. 北京林业大学学报(社会科学版), 2012 (2): 39-43.

郑辉, 严耕, 李飞. 宋代花馔文化探析[J]. 北京林业大学学报 (社会科学版), 2012(4): 24-27.

郑辉. 中国古代林业政策和管理研究[D]. 北京: 北京林业大学, 2013.

附录一 尹伟伦年表

1945年	9月18日出生于天津市
1957年9月—1960年7月	于北京第三十五中学就读初中
1960年9月—1963年7月	于北京师范大学第二附属中学就读高中
1963年9月—1968年12月	于北京林学院林业系就读林学专业，获农学学士学位
1968年12月—1978年12月	到内蒙古大兴安岭甘河林业局机修厂工作，先后任技术员、车间主任
1971年	与姜志华女士结婚
1978年9月—1981年7月	于北京林学院林业系就读林学专业，获农学硕士学位
1981年7月—1987年10月	毕业后留校任教，任讲师
1985年11月—1986年11月	于英国威尔士大学生物学专业进修
1987年11月—1993年3月	担任北京林业大学生理教研室副主任、副教授
1993年4月—1993年11月	担任北京林业大学林业资源学院副院长，被评为教授、博士生导师
1993年	担任北京林业大学副校长（1993年12月—2000年1月），获国务院政府特殊津贴
1994年5月—1994年10月	在比利时安特卫普大学"树木生理学"合作科研
1995年	"植物活力测定仪"获国家发明奖三等奖，获国务院人事部"中青年有突出贡献专家"，获"北京市1995年度优秀教育工作者""全国优秀教师"称号
1996年	获宝钢教育奖优秀教师特等奖
1997年	任中国林学会中国杨树委员会主任委员（1997年8月至今）
1998年	任国际杨树委员会执委（1998年6月—2012年10月），任亚太地区社会林业培训中心理事（1998年9月—2000年9月），中国植物学会常务理事（1998年12月—2008年12月），获"全国模范教师"称号

1999年	任中国林业教育学会高等教育分会副主任委员（1999年10月—2005年8月）、主任委员（2005—2015年）
2000年	任北京林业大学常务副校长（2000年1月—2004年7月）
2001年	任北京林业大学研究生院院长（2001年10月—2010年8月）
2002年	"三北地区防护林植物材料抗逆性选育及栽培技术研究"获国家科学技术进步奖二等奖，第1完成人
2003年	"主要针叶树种种子园人工促进开花结实机理、技术与应用"获国家科学技术进步奖二等奖，第1完成人
2004年	任北京林业大学校长、研究生院院长（2004年7月—2010年8月），任中国林学会副理事长（2004—2014年）
2005年	12月，当选中国工程院院士；获"全国优秀科技工作者"称号；"森林资源类本科人才培养模式改革的研究与实践"获国家教学成果奖一等奖，第1完成人；任北京林学会理事长（2005年7月至今）、国家花卉工程技术研究中心学术委员会主任（2005年至今）
2006年	获"全国优秀林业科技工作者""首都劳动奖章"称号，任中国标准化专家委员会委员（2006年7月—2016年7月）、副主任委员（2006年7月至今）
2007年	任中国科学院植物研究所"植被与环境变化"国家重点实验室学术委员会主任（2007—2011年）
2008年	"名优花卉矮化分子、生理、细胞学调控机制与微型化生产技术"获国家科学技术进步奖二等奖，第1完成人；任《北京林业大学学报》主编（2008年至今）、任林木育种国家工程实验室学术委员会主任（2008年10月至今）；当选第十一届全国政协委员（2008—2013年）；1月，当选北京两界联席会议专家顾问委员会专家顾问
2009年	5月，当选国家减灾委员会专家委员；"林业拔尖创新型人才培养模式的研究和实践"获国家教学成果奖二等奖，第1完成人
2010年	任中国工程院农业学部主任（2010—2014年），当选为中国工程院主席团成员（2010年至今），获"绿色中国年度人物"特别贡献奖
2011年	6月，担任北京市政府专家咨询委员会专家委员
2012年	任北京市科学技术协会副主席（2012—2017年）
2013年	当选第十二届全国政协委员（2013—2018年）
2014年	任《林业科学》、*Forest Ecosystems*主编（2014年至今）；《中华大典·林业典》出版，任主编

2015年	4月，任北京市"十三五"规划编制专家咨询委员会专家委员；1月，任国家发展和改革委员会全国生态保护与建设专家咨询委员会主任；任《森林与环境学报》主编（2015年至今）
2017年	任内蒙古农业大学沙漠治理学院院长（2017年9月至今）
2019年	任国家林业和草原局"林木抗逆材料选育与利用国家创新联盟"理事长（2019年4月至今）；9月，于北京林业大学退休，返聘；任北京老科学技术工作者总会会长（2019年9月至今）
2020年	5月，任北京市"十四五"规划编制专家咨询委员会城市规划建设管理组专家委员
2021年	获中国老科学技术工作者协会奖
2022年	获2022中国农林类大学贡献能力最强学者

附录二 尹伟伦主要论著

（一）图书

[1] 王九龄, 尹伟伦. 中国松属主要树种栽培生理生态与技术[M]. 北京: 高等教育出版社, 2001.

[2] 尹伟伦. 国际杨树研究新进展[M]. 哈尔滨: 东北林业大学出版社, 2001.

[3] 任宪威, 张玉钧, 尹伟伦, 王建中, 牛树奎. 汉拉英中国木本植物名录[M]. 北京: 中国林业出版社, 2003.

[4] 尹伟伦. 中国杨树栽培与利用研究[M]. 北京: 中国林业出版社, 2005.

[5] 尹伟伦, 胡建军. 杨树遗传图谱构建与数量性状基因定位[M]. 北京: 中国环境科学出版社, 2005.

[6] 中国可再生能源发展战略研究项目组 (杜祥琬, 黄其励, 汪燮卿, 尹伟伦, 李俊峰). 中国可再生能源发展战略研究丛书: 综合卷[M]. 北京: 中国电力出版社, 2008.

[7] 中国可再生能源发展战略研究项目组 (石元春, 汪燮卿, 尹伟伦, 李十中). 中国可再生能源发展战略研究丛书: 生物质能卷[M]. 北京: 中国电力出版社, 2008.

[8] 刘翠琼, 尹伟伦, 夏新莉. 中国沙棘和北美红杉体细胞胚胎诱导及其组织细胞学的研究[M]. 北京: 中国环境科学出版社, 2009.

[9] 刘美芹, 尹伟伦, 卢存福. 沙冬青抗寒性分子基础研究[M]. 北京: 中国环境科学出版社, 2009.

[10] 尹伟伦. 王华芳. 林业生物技术[M]. 北京: 科学出版社, 2009.

[11] 尹伟伦, 翟明普. 南方低温雨雪冰冻的林业灾害与防治对策研究[M]. 北京: 中国环境科学出版社, 2010.

[12] (美) 斯蒂芬·帕拉帝. 木本植物生理学[M]. 尹伟伦, 郑彩霞, 李凤兰, 等, 译. 北京: 科学出版社, 2011.

[13] 尹伟伦, 严耕. 中国林业与生态史研究[M]. 北京: 中国经济出版社, 2012.

[14] 尹伟伦, 严耕, 熊大桐, 罗炳良. 中华大典: 林业典[M]. 南京: 凤凰出版社, 2014.

[15] 马洪双, 尹伟伦, 夏新莉. 胡杨在盐胁迫下差异表达基因的筛选以及胡杨 *PeSCL7* 基因功能分析[M]. 北京: 中国环境科学出版社, 2013.

附图 1　尹伟伦部分著作

[16] 李文华, 朱有勇, 尹伟伦, 任继周, 唐启升, 闵庆文. 中国重要农业文化遗产保护与发展战略研究[M]. 北京: 科学出版社, 2016.

[17] 郝吉明, 尹伟伦, 岑可法. 中国大气PM2.5污染防治策略与技术途径[M]. 北京: 科学出版社, 2016.

（二）科研论文

[1] 尹伟伦. 不同品种杨树插条苗的生长规律和光合性能的研究I: 不同品种杨树插条苗的叶、茎和根的生长及相互关系[J]. 北京农业科技, 1982(1): 37-46.

[2] 尹伟伦. 不同品种杨树插条苗的生长规律和光合性能的研究II: 杨树品种间光合性能的比较[J]. 北京农业科技, 1982(2): 29-38.

[3] 尹伟伦. 不同种类杨树苗木的生长和光合性能的比较研究I: 叶、茎、根的生长和相互关系[J]. 北京林学院学报, 1982(4): 93-108

[4] 尹伟伦. 不同品种杨树插条苗的生长规律和光合性能的研究I: 不同品种杨树插条苗的叶、茎和根的生长及相互关系[J]. 北京农业科技, 1982(1): 37-45, 35.

[5] 尹伟伦. 不同品种杨树插条苗的生长规律和光合性能的研究II: 杨树品种间光合性能的比较[J]. 北京农业科技, 1982(2): 29-38.

[6] 尹伟伦. 不同种类杨树苗木的生长和光合性能的比较研究II: 净光合速率、光呼吸和Hill反应等光合性能指标[J]. 北京林学院学报, 1983(2): 41-55.

[7] 尹伟伦. 杨树顶芽过氧化物酶活性的季节变化与生长关系的研究[J]. 北京农业科学, 1983(1): 23-28.

[8] 翟明普, 尹伟伦, 贾黎明, 马履一, 孙玉祥, 刘忠义, 王永光. 西林吉地区兴安落叶松白桦混交林的调查研究[J]. 北京林业大学学报, 1990(S3): 78-85.

[9] 翟明普, 尹伟伦, 贾黎明, 马履一. 西林吉地区落叶松白桦混交林几个特性的研究[J]. 北京林业大学学报, 1990(S3): 86-91.

[10] 尹伟伦. 氮素营养对加杨内源细胞分裂素的影响[M]//王沙生, 王世绩, 裴保华. 杨树栽培生理研究. 北京: 北京农业大学出版社, 1991: 126-131.

[11] 翟明普, 尹伟伦, 邢北任, 薛守恩. 北京山地华山松引种造林试验研究[J]. 北京林业大学学报, 1991(S2): 25-36.

[12] 翟明普, 尹伟伦, 邢北任. 北京山地樟子松引种造林试验研究[J]. 北京林业大学学报, 1991(S2): 37-45.

[13] 翟明普, 尹伟伦, 邢北任. 北京山地白皮松造林试验研究[J]. 北京林业大学学报, 1991(S2): 46-52.

[14] 翟明普, 尹伟伦, 张钢民. 北京西山地区侧柏刺槐混交林的研究I: 生长、根系及水分状况[J]. 北京林业大学学报, 1991(S2): 121-128.

[15] 翟明普, 尹伟伦, 张钢民. 北京西山地区侧柏刺槐混交林的研究II: 混交林营养状况和侧柏叶的叶绿素含量[J]. 北京林业大学学报, 1991(S2): 129-134.

[16] 翟明普, 尹伟伦, 蒋三乃, 刘建斌. 京西山地华北落叶松核桃楸混交林的研究[J]. 北京林业大学学报, 1991(S3): 209-217.

[17] 董源, 尹伟伦, 王沙生. 侧柏球花的发端发育及物候学[J]. 北京林业大学学报, 1992, 14(1): 51-61.

[18] 尹伟伦, 翟明普, 周震庠, 李志丹, 陆贵巧. 兴安落叶松苗木茎根比的化学调控[J]. 北京林业大学学报, 1993, 15(S1): 165-171.

[19] 尹伟伦, 翟明普, 周震庠. 兴安落叶松苗木失水对细胞膜损伤和苗木质量的影响[J]. 北京林业大学学报, 1993, 15(S2): 160-164.

[20] 尹伟伦, 赵兴存. 用生理指标评价苗木质量[J]. 甘肃林业科技, 1993(5): 55, 22.

[21] 梁海英, 尹伟伦. 水杉叶芽、花芽内源IAA、ABA、GA (1+3) 的含量分析[J]. 林业科技通讯, 1994(4): 13-15.

[22] 王华芳, 尹伟伦, 郑彩霞, 梁海英, 路永斌, 卫蓉. 植物的超弱发光[J]. 北京林业大学学报, 1996, 18(2): 83-89.

[23] 夏新莉, 周晓阳, 尹伟伦. 盐胁迫下臭椿和银杏叶片细胞离子区域化研究(英文) [J]. Forestry Studies in China, 1999, 1(2): 1-10.

[24] 曾端香, 尹伟伦, 赵孝庆, 王华芳. 牡丹繁殖技术[J]. 北京林业大学学报, 2000, 22(3): 90-95.

[25] 夏新莉, 郑彩霞, 尹伟伦. 土壤干旱胁迫对樟子松针叶膜脂过氧化、膜脂成分和乙烯释放的影响[J]. 林业科学, 2000, 36(3): 8-12.

[26] 尹伟伦, 刘玉军, 刘强. 木本植物基因组研究[J]. 北京林业大学学报, 2002, 24(5/6): 244-249.

[27] 张川红, 沈应柏, 尹伟伦. 盐胁迫对国槐和核桃幼苗光合作用的影响[J]. 林业科学研究, 2002, 15 (1): 41-46.

[28] 张川红, 尹伟伦, 沈漫. 盐胁迫对国槐和中林46杨幼苗膜类脂的影响[J]. 北京林业大学学报, 2002, 24(5/6): 89-95.

[29] 张川红, 尹伟伦, 沈应柏. 盐胁迫对国槐与核桃气孔的影响[J]. 北京林业大学学报, 2002, 24(2): 1-5.

[30] 张川红, 沈应柏, 尹伟伦, 潘青华, 赵毓桂. 盐胁迫对几种苗木生长及光合作用的影响[J]. 林业科学, 2002, 38(2): 27-31.

[31] 贺伟, 尹伟伦, 沈瑞祥, 王晓军. 板栗实腐病潜伏侵染和发病机理的研究[J]. 林业科学, 2004, 40(2): 96-102.

[32] 韩秀慧, 尹伟伦, 王华芳. 二次回归正交设计在微型月季组织培养中的应用[J]. 林业

科学, 2004, 40(4): 189-192.

[33] 张晓英, 尹伟伦, 朱祯, 王华芳. 抗生素对国槐愈伤组织诱导和生长的影响[J]. 北京林业大学学报, 2004, 26(6): 62-65.

[34] 王俊英, 王俊平, 尹伟伦, 夏新莉. 人工调控植物基因表达研究[J]. 分子植物育种, 2004, 2(4): 557-562.

[35] 刘美芹, 卢存福, 尹伟伦. 珍稀濒危植物沙冬青生物学特性及抗逆性研究进展[J]. 应用与环境生物学报, 2004, 10(3): 384-388.

[36] 曾端香, 尹伟伦, 王玉华, 赵孝庆, 王华芳. 5个矮生牡丹品种黄化嫩枝扦插技术研究[J]. 园艺学报, 2005, 32(4): 725-728.

[37] 段碧华, 尹伟伦, 韩宝平, 夏新莉, 张鹏. 不同PEG-6000浓度处理下几种冷季型草坪草抗旱性比较研究[J]. 中国农学通报, 2005, 21(8): 247-251.

[38] 段碧华, 韩宝平, 高遐虹, 尹伟伦. 不同培养基和激素浓度处理对草地早熟禾愈伤组织诱导的影响[J]. 中国农学通报, 2005, 21(2): 24-27.

[39] 王俊英, 尹伟伦, 夏新莉. 胡杨锌指蛋白基因克隆及其结构分析[J]. 遗传, 2005, 27(2): 245-248.

[40] 段碧华, 尹伟伦, 韩宝平, 夏新莉, 张鹏. 模拟干旱胁迫下几种冷季型草坪草抗旱性比较研究[J]. 草原与草坪, 2005(5): 38-42.

[41] 万雪琴, 夏新莉, 尹伟伦, 张新时, 慈龙骏, 胡庭兴. 不同杨树无性系扦插苗水分利用效率的差异及其生理机制[J]. 林业科学, 2006, 42(5): 133-137.

[42] 侯小改, 尹伟伦, 李嘉珏, 王华芳. 牡丹矮化品种亲缘关系的AFLP分析[J]. 北京林业大学学报, 2006, 28(5): 73-77.

[43] 侯小改, 尹伟伦, 李嘉珏, 王华芳. 部分牡丹品种遗传多样性的AFLP分析[J]. 中国农业科学, 2006, 39(8): 1709-1715.

[44] 马超德, 尹伟伦, 陈敏, 骆有庆. 黄土高原砒砂岩区河岸带沙棘林营造与管护技术的研究[J]. 草业科学, 2006, 23(8): 1-5.

[45] 万雪琴, 夏新莉, 尹伟伦. 31个杂交杨无性系对青杨叶锈病的抗性评价[J]. 林业科技, 2006, 31(5): 22-25.

[46] 万雪琴, 夏新莉, 尹伟伦, 张新时. 北美杂交杨无性系扦插苗生长比较[J]. 林业科技开发, 2006, 20(4): 15-19.

[47] 张晓英, 王华芳, 朱祯, 王天祥, 尹伟伦. 国槐离体再生及抗虫基因*sck*的转导[J]. 林业科学, 2006, 42(9): 34-39.

[48] 徐兴友, 张风娟, 龙茹, 尹伟伦, 王华芳. 6种野生耐旱花卉幼苗叶片脱水和根系含水量与根系活力对干旱胁迫的反应[J]. 水土保持学报, 2007, 21(1): 180-184.

[49] 陈金焕, 夏新莉, 尹伟伦. 植物*DREB*转录因子及其转基因研究进展[J]. 分子植物育

种, 2007, 5(6): 29-35.

[50] 于春堂, 慈龙骏, 杨晓晖, 尹伟伦. 基于样带的唐古特白刺灌丛沙包空间格局尺度研究[J]. 生态科学, 2007, 26(5): 394-400.

[51] 刘美芹, 沈昕, 卢存福, 尹伟伦. 一种改进的固相扣除杂交法直接克隆全长差异表达基因[J]. 北京林业大学学报, 2007, 29(5): 67-72.

[52] 王志会, 夏新莉, 尹伟伦. 不同种源的柠条锦鸡儿的生理特性与抗旱性[J]. 东北林业大学学报, 2007, 35(9): 27-30.

[53] 朱俊英, 闫慧, 高荣孚, 尹伟伦. 中国沙棘子叶叶肉细胞电流全细胞记录的研究, 江西农业大学学报, 2007, 29(5): 762-766.

[54] 尹伟伦, 万雪琴, 夏新莉. 杨树稳定碳同位素分辨率与水分利用效率和生长的关系[J]. 林业科学, 2007, 43(8): 15-22.

[55] 李昆, 尹伟伦, 罗长维. 小桐子繁育系统与传粉生态学研究[J]. 林业科学研究, 2007, 20(6): 775-781.

[56] 张和臣, 尹伟伦, 夏新莉. 非生物逆境胁迫下植物钙信号转导的分子机制[J]. 植物学通报, 2007, 24(1): 114-122.

[57] 万雪琴, 夏新莉, 尹伟伦, 慈龙俊, 张新时. 北美杂交杨在北京引种的苗期生态适应性[J]. 四川农业大学学报, 2008, 26(1): 32-39.

[58] 徐兴友, 王子华, 张风娟, 郭振清, 尹伟伦, 王华芳. 干旱胁迫对6种野生耐旱花卉幼苗根系保护酶活性及脂质过氧化作用的影响[J]. 林业科学, 2008, 44(2): 41-47.

[59] 闫慧, 夏新莉, 高荣孚, 尹伟伦. 盐胁迫下沙冬青和绿豆根冠细胞膜电位的原初响应研究[J]. 北京林业大学学报, 2008, 30(6): 16-21.

[60] 万雪琴, 张帆, 夏新莉, 尹伟伦. 镉处理对杨树光合作用及叶绿素荧光参数的影响[J]. 林业科学, 2008, 44(6): 73-78.

[61] 孙尚伟, 夏新莉, 刘晓东, 尹伟伦, 陈森锟. 修枝对复合农林系统内作物光合特性及生长的影响[J]. 生态学报, 2008, 28(7): 3185-3192.

[62] 陈森锟, 尹伟伦, 刘晓东, 夏新莉, 孙尚伟. 修枝对欧美107杨木材生长量的短期影响[J]. 林业科学, 2008, 44(7): 130-135.

[63] 夏晗, 刘美芹, 尹伟伦, 卢存福, 夏新莉. 植物DNA甲基化调控因子研究进展[J]. 遗传, 2008, 30(4): 426-432.

[64] 于亚军, 夏新莉, 尹伟伦. 沙棘优良抗旱品种不定芽诱导及再生体系的建立[J]. 沙棘, 2008, 21(1): 30-31.

[65] 杨彩云, 尹伟伦, 夏新莉. 甘露糖正向筛选体系的建立及在拟南芥遗传转化中的应用[J]. 分子植物育种, 2009, 7(6): 1120-1129.

[66] 张和臣, 叶楚玉, 夏新莉, 尹伟伦. 逆境条件下植物*CBL/CIPK*信号途径转导的分子机

制[J]. 分子植物育种, 2009, 7(1): 1-6.

[67] 孙芳, 夏新莉, 尹伟伦. 逆境胁迫下ABA与钙信号转导途径之间的相互调控机制[J]. 基因组学与应用生物学, 2009, 28(2): 391-397.

[68] 张红梅, 夏新莉, 尹伟伦. 毛果杨的组织培养与快速繁殖[J]. 植物生理学通讯, 2009, 45(1): 53.

[69] 孙尚伟, 尹伟伦, 夏新莉, 刘晓东, 陈森锟. 修枝对复合农林系统内小气候及作物生长的影响[J]. 北京林业大学学报, 2009, 31(1): 25-30.

[70] 李俊, 夏新莉, 刘翠琼, 尹伟伦. 中国沙棘体细胞胚胎间接发生与植株再生[J]. 北京林业大学学报, 2009, 31(3): 89-95.

[71] 赵燕东, 章军富, 尹伟伦, 陈峻崎, 胡剑非. 按植物需求精准节水灌溉自动调控系统的研究[J]. 节水灌溉, 2009(1): 11-14.

[72] 万雪琴, 张帆, 夏新莉, 尹伟伦. 镉胁迫对杨树矿质营养吸收和分配的影响[J]. 林业科学, 2009, 45(7): 45-51.

[73] 李俊, 刘翠琼, 尹伟伦, 夏新莉. 转基因植物中标记基因研究概况[J]. 植物学报, 2009, 44(4): 497-505.

[74] 徐兴友, 杜金友, 龙茹, 王子华, 尹伟伦, 王华芳. 干旱胁迫下6种野生耐旱花卉苗木蒸腾耗水与耐旱性的关系[J]. 经济林研究, 2010, 28(1): 9-13.

[75] 于亚军, 夏新莉, 尹伟伦. 沙棘优良抗旱品种离体再生体系的建立和优化[J]. 北京林业大学学报, 2010, 32(2): 52-56.

[76] 陈金焕, 叶楚玉, 夏新莉, 尹伟伦. 胡杨中两个新DREB类基因的克隆、序列分析及转录激活功能研究[J]. 北京林业大学学报, 2010, 32(5): 27-33.

[77] 马洪双, 夏新莉, 尹伟伦. 建立胡杨抗逆研究的cDNA-AFLP反应体系[J]. 北京林业大学学报, 2010, 32(5): 34-40.

[78] 谢乾瑾, 夏新莉, 刘超, 尹伟伦. 水分胁迫对不同种源蒙古莸光合特性与生长的影响[J]. 林业科学研究, 2010, 23(4): 567-573.

[79] 王菲, 尹伟伦, 夏新莉, 谢乾瑾. 空间条件对高羊茅SP1代形态及光合生理特性的诱变效应[J]. 北京林业大学学报, 2010, 32(3): 106-111.

[80] 赵燕东, 王海兰, 胡培金, 尹伟伦. 基于活立木介电特性的植物茎体含水量测量方法[J]. 林业科学, 2010, 46(11): 179-183.

[81] 马洪双, 夏新莉, 尹伟伦. 胡杨SCL7基因及其启动子片段的克隆与分析[J]. 北京林业大学学报, 2011, 33(1): 2-10.

[82] 郭鹏, 邢海涛, 夏新莉, 尹伟伦. 3个新引进黑杨无性系间水分利用效率差异性研究[J]. 北京林业大学学报, 2011, 33(2): 2-10.

[83] 庞涛, 郭丽丽, 夏新莉, 尹伟伦. CBL1基因5' 非翻译区内含子在旱生植物沙冬青中的

作用[J]. 北京林业大学学报, 2011, 33(6): 157-165.

[84] 段中鑫, 覃玉蓉, 夏新莉, 尹伟伦. 超量表达胡杨*peu-MIR156j*基因增强拟南芥耐盐性 [J]. 北京林业大学学报, 2011, 33(6): 157-165.

[85] 郭鹏, 夏新莉, 尹伟伦. 3种黑杨无性系水分利用效率差异性分析及相关*ERECTA*基因 的克隆与表达[J]. 生态学报, 2011, 31(11): 3239-3245.

[86] 郝爽, 夏新莉, 尹伟伦. 杨树*CYCD*基因的功能鉴定及其对糖和植物激素的响应(英文) [J]. 中国生物工程杂志, 2011, 31(6): 29-37.

[87] 亓玉飞, 尹伟伦, 夏新莉, 孙尚伟. 修枝对欧美杨107杨水分生理的影响[J]. 林业科学, 2011, 47(3): 33-38.

[88] 刘超, 武娴, 王襄平, 尹伟伦, 张淑静.内蒙古灌木叶性状关系及不同尺度的比较[J]. 北 京林业大学学报, 2012, 34(6): 23-29.

[89] 郭鹏, 金华, 尹伟伦, 夏新莉, 姜国斌.欧美杨水分利用效率相关基因*PdEPF1*的克隆及 表达[J]. 生态学报, 2012, 32(4): 4481-4487.

[90] 曾令兵, 王襄平, 常锦峰, 林鑫, 吴玉莲, 尹伟伦.祁连山中段青海云杉高山林线交错区 树轮宽度与气候变化的关系[J]. 北京林业大学学报, 2012, 34(5): 50-56.

[91] 师静, 刘美芹, 史军娜, 赵晓鑫, 卢存福, 尹伟伦.沙冬青胚胎晚期发生丰富蛋白基因序 列及表达特性分析[J]. 北京林业大学学报, 2012, 34(4): 114-119.

[92] 严东辉, 汤沙, 夏新莉, 尹伟伦.胡杨核转录因子*PeNF-YB1*克隆及其干旱响应表达[J]. 中国农学通报, 2012, 28(19): 6-11.

[93] 赵秀莲, 夏新莉, 尹伟伦, 江泽平, 肖文发, 刘建锋. 不同苗龄沙地柏抗旱生理特性比 较研究[J]. 西北植物学报, 2013, 33(12): 2513-2520.

[94] 郑冬超, 夏新莉, 尹伟伦. 生长素促进拟南芥*AtNRT1.1*基因表达增强硝酸盐吸收[J]. 北京林业大学学报, 2013, 35(2): 80-85.

[95] 石婕, 刘庆倩, 安海龙, 曹学慧, 刘超, 尹伟伦, 夏新莉, 郭惠红. 应用^{15}N示踪法研究两 种杨树叶片对PM2.5中NH_4^+的吸收[J]. 生态学杂志, 2014, 33(6): 1688-1693.

[96] 张洲嘉, 帅鹏, 苏艳艳, 尹伟伦, 夏新莉. 胡杨*PeECT8*基因的克隆及功能分析[J]. 植物 生理学报, 2014, 50(10): 1501-1509.

[97] 刘庆倩, 石婕, 安海龙, 曹学慧, 刘超, 尹伟伦, 夏新莉, 郭惠红.应用^{15}N 示踪研究欧美 杨对PM2.5无机成分NH_4^+和NO_3^-的吸收与分配[J]. 生态学报, 2015, 35(19):310-317.

[98] 安海龙, 谢乾瑾, 刘超, 夏新莉, 尹伟伦. 水分胁迫和种源对黄柳叶片功能性状的影响 [J]. 林业科学, 2015, 51(10): 75-84.

[99] 石婕, 刘庆倩, 安海龙, 曹学慧, 刘超, 尹伟伦, 郭惠红, 夏新莉.不同污染程度下毛白 杨叶表面PM2.5颗粒的数量及性质和叶片气孔形态的比较研究[J]. 生态学报, 2015, 35(22): 7522-7530.

[100] 曹学慧, 安海龙, 刘庆倩, 刘超, 郭惠红, 尹伟伦, 夏新莉. 欧美杨对PM2.5中重金属铅的吸附、吸收及适应性变化[J]. 生态学杂志, 2015, 34(12): 3382-3390.

[101] 李岚, 王厚领, 赵琳, 赵莹, 李惠广, 夏新莉, 尹伟伦. 异源表达*Peu-miR473a*增强拟南芥的抗旱性[J]. 北京林业大学学报, 2015, 37(5): 30-39.

[102] 张晓菲, 路信, 段卉, 练从龙, 夏新莉, 尹伟伦. 胡杨NAC转录因子*PeNAC045*基因的克隆及功能分析[J]. 北京林业大学学报, 2015, 37(6): 1-10.

[103] 史军娜, 张罡, 安海龙, 曹学慧, 刘超, 尹伟伦, 夏新莉. 北京市16种树木吸附大气颗粒物的差异及颗粒物研究[J]. 北京林业大学学报, 2016, 38(12): 84-91.

[104] 安海龙, 刘庆倩, 曹学慧, 张罡, 王慧, 刘超, 郭惠红, 夏新莉, 尹伟伦. 不同PM2.5污染区常见树种叶片对PAHs的吸收特征分析[J]. 北京林业大学学报, 2016, 38(1): 59-66.

[105] 王丹, 安轶, 韩潇, 周扬颜, 王厚领, 郭惠红, 夏新莉, 尹伟伦. 超表达杨树*RPEase*基因促进了拟南芥的生长发育[J]. 北京林业大学学报, 2016, 38(5): 67-76.

[106] 王慧, 刘庆倩, 安海龙, 刘超, 郭惠红, 夏新莉, 尹伟伦. 城市环境中毛白杨和油松叶片表面颗粒污染物的观察[J]. 北京林业大学学报, 2016, 38(8): 28-35.

[107] 王丛鹏, 贾伏丽, 刘沙, 刘超, 夏新莉, 尹伟伦. 干旱对欧美杨气孔发育的影响[J]. 北京林业大学学报, 2016, 38(6): 28-34.

[108] 唐贤礼, 张月, 张盾, 夏新莉, 尹伟伦. 毛果杨基因*PtNRT2.7*的功能初步鉴定与分析[J]. 北京林业大学学报, 2016, 38(8): 18-27.

[109] 郭丽丽, 尹伟伦, 郭大龙, 侯小改. 油用凤丹牡丹不同种植时间根际细菌群落多样性变化[J]. 林业科学, 2017, 53(11):131-141.

[110] 贾伏丽, 王丛鹏, 刘沙, 焦志银, 尹伟伦, 夏新莉. 外源BR与IAA对欧美杨耐旱性的影响[J]. 北京林业大学学报, 2017, 39(7): 31-39.

[111] 张影, 练从龙, 段卉, 路信, 夏新莉, 尹伟伦. 胡杨bZIP 转录因子*PebZIP26*和*PebZIP33*基因的克隆及功能分析[J]. 北京林业大学学报, 2017, 39(7): 18-30.

[112] 张罡, 安海龙, 史军娜, 刘超, 田菊, 郭惠红, 夏新莉, 尹伟伦. 欧美杨对不同粒径氧化锌颗粒物的吸附与吸收能力[J]. 北京林业大学学报, 2017, 39(4): 46-54.

[113] 王俊秀, 周扬颜, 韩潇, 安轶, 郭惠红, 夏新莉, 尹伟伦, 刘超. 超表达杨树*SBPase*基因促进拟南芥光合作用及营养生长[J]. 北京林业大学学报, 2018, 40(3): 26-33.

[114] 李双, 苏艳艳, 王厚领, 李惠广, 刘超, 夏新莉, 尹伟伦. 胡杨*miR1444b*在拟南芥中正调控植物抗旱性[J]. 北京林业大学学报, 2018, 40(4): 1-9.

[115] 姚琨, 练从龙, 王菁菁, 王厚领, 刘超, 尹伟伦, 夏新莉. 胡杨*PePEX11*基因参与调节盐胁迫下拟南芥的抗氧化能力[J]. 北京林业大学学报, 2018, 40(5): 19-28.

[116] 高林浩, 孙晗, 白雪卡, 代爽, 樊艳文, 刘超, 王襄平, 尹伟伦. 气候、系统发育对长白山乔灌木比叶面积与叶元素含量关系的影响[J]. 北京林业大学学报, 2020,

42(2):19-30.

[117] 王厚领, 张易, 夏新莉, 尹伟伦, 郭红卫, 李中海. 木本植物叶片衰老研究进展[J]. 中国科学(生命科学), 2020, 50(2): 196-206.

[118] 纪若璇, 于笑, 常远, 沈超, 白雪卡, 夏新莉, 尹伟伦, 刘超. 蒙古莸叶片解剖结构的地理种源变异及其对环境变化响应的意义[J]. 植物生态学报, 2020, 44 (3): 289-298.

[119] 田林, 尹丹丹, 成铁龙, 夏新莉, 尹伟伦. 盐胁迫下比拉底白刺差异表达基因的转录组分析[J]. 林业科学研究, 2020, 33(1): 1-10.

[120] 纪若璇, 于笑, 常远, 沈超, 白雪卡, 夏新莉, 尹伟伦, 刘超. 7个种源蒙古莸叶片解剖结构及地理环境数据集的内容与研发[J]. 全球变化数据学报(中英文), 2021, 5(1): 99-107.

[121] 于笑, 纪若璇, 常远, 沈超, 郭惠红, 夏新莉, 尹伟伦, 刘超. 四种抗旱植物在不同区域的生长稳定性[J]. 应用生态学报, 2021, 32(12):4212-4222.

[122] LIU Cuiqiong, XIA Xinli, YIN Weilun. Shoot regeneration and somatic embryogenesis from needles of redwood (*Sequoia sempervirens* (D. Don.) Endl.)[J]. Plant Cell Reports, 2006(25): 621-628.

[123] LIU Cuiqiong, XIA Xinli, YIN Weilun, ZHOU Jianghong, TANG Haoru. Direct somatic embryogenesis from leaves, cotyledons and hypocotyls of *Hippophae rhamnoides*[J]. Biologia Plantarum, 2007, 51(4): 635-640.

[124] LIU Meiqin, SHEN Xin, YIN Weilun, LU Cunfu. Changes of 5' terminal nucleotides of PCR primers causing variable T-A cloning efficiency[J]. Journal of Integrative Plant Biology, 2007, 49(3): 382-385.

[125] YU Yanhua, XIA Xinli, YIN Weilun, ZHANG Hechen. Comparative genomic analysis of *CIPK* gene family in Arabidopsis and Populus[J]. Plant Growth Regulation, 2007(52): 101-110.

[126] WANG Junying, XIA Xinli, WANG Junping, YIN Weilun. Stress responsive zinc-finger protein gene of *Populus euphratica* in tobacco enhances salt tolerance[J]. Journal of Integrative Plant Biology, 2008, 50(1): 56-61.

[127] ZHANG Hechen, YIN Weilun, XIA Xinli. Calcineurin B-Like family in *Populus*: comparative genome analysis and expression pattern under cold, drought and salt stress treatment[J]. Plant Growth Regulation, 2008(56): 129-140.

[128] CHEN Jinhuan, XIA Xinli, YIN Weilun. Expression profiling and functional characterization of a DREB2-type gene from *Populus euphratica*[J]. Biochemical and Biophysical Research Communications, 2009, 378(3): 483-487.

[129] YE Chuyu, ZHANG Hechen, CHEN Jinhuan, XIA Xinli, YIN Weilun. Molecular

characterization of putative vacuolar NHX-type Na$^+$/H$^+$exchanger genes from the salt-resistant tree *Populus euphratica*[J]. Physiologia Plantarum, 2009(137): 166-174.

[130] LI Bosheng, YIN Weilun, XIA Xinli. Identification of microRNAs and their targets from *Populus euphratica*[J]. Biochemical and Biophysical Research Communications, 2009, 388(2): 272-277.

[131] GUO Lili, YU Yanhua, XIA Xinli, YIN Weilun. Identification and functional characterisation of the promoter of the calcium sensor gene *CBL1* from the xerophyte *Ammopiptanthus mongolicus*[J]. BMC Plant Biology, 2010(10): 18.

[132] MA Hongshuang, LIANG Dan, SHUAI Peng, XIA Xinli, YIN Weilun. The salt- and drought-inducible poplar GRAS protein SCL7 confers salt and drought tolerance in *Arabidopsis thaliana*[J]. Journal of Experimental Botany, 2010, 61(14): 4011-4019.

[133] ZHANG Hechen, YIN Weilun, XIA Xinli. Shaker-like potassium channels in *Populus*, regulated 3 by the CBL-CIPK signal transduction pathway, increase tolerance to low-K$^+$ stress[J]. Plant Cell Reports, 2010(29): 1007-1012.

[134] CHEN Jinhuan, XIA Xinli, YIN Weilun. A poplar DRE-binding protein gene, *PeDREB2L*, is involved in regulation of defense response against abiotic stress[J]. Gene, 2011(483): 36-42.

[135] QIN Yurong, DUAN Zhongxin, XIA Xinli, YIN Weilun. Expression profiles of precursor and mature microRNAs under dehydration and high salinity shock in *Populus euphratica*[J]. Plant Cell Reports, 2011(30): 1893-1907.

[136] HAO Shuang, ZHAO Teng, XIA Xinli, YIN Weilun. Genome-wide comparison of two poplar genotypes with different growth rates[J]. Plant Molecular Biology, 2011(76): 575-591.

[137] XING Haitao, GUO Peng, XIA Xinli, YIN Weilun. *PdERECTA*, a leucine-rich repeat receptor-like kinase of poplar, confers enhanced water use efficiency in *Arabidopsis*[J]. Planta, 2011(234): 229-241.

[138] CHEN Jinhuan, SUN Yan, SUN Fang, XIA Xinli, YIN Weilun. Tobacco plants ectopically expressing the *Ammopiptanthus mongolicus AmCBL1* gene display enhanced tolerance to multiple abiotic stresses[J]. Plant Growth Regulation, 2011(63): 259-269.

[139] LI Bosheng, QIN Yurong, DUAN Hui, YIN Weilun, Xia Xinli. Genome-wide characterization of new and drought stress responsive microRNAs in *Populus euphratica*[J]. Journal of Experimental Botany, 2011, 62(11): 3765-3779.

[140] LI Dandan, SON Shuyu, XIA Xinli, YIN Weilun. Two *CBL* genes from *Populus*

euphratica confer multiple stress tolerance in transgenic triploid white poplar [J]. Plant Cell, Tissue and Organ Culture, 2012(109): 477-489.

[141] DONG Ningguang, PEI Dong, YIN Weilun. Tissue-specific localization and dynamic changes of endogenous IAA during poplar leaf rhizogenesis revealed by in situ immunohistochemistry[J]. Plant Biotechnology Reports, 2012, 6(2): 165-174.

[142] YAN Donghui, Fenning Trevor, TANG Sha, XIA Xinli, YIN Weilun. Genome-wide transcriptional response of *Populus euphratica* to long-term drought stress[J]. Plant Science, 2012(195): 24-35.

[143] Chen Jinhuan, XUE Bin, XIA Xinli, YIN Weilun. A novel calcium-dependent protein kinase gene from *Populus euphratica*, confers both drought and cold stress tolerance[J]. Biochemical and Biophysical Research Communications, 2013(441): 630-636.

[144] ZHAO Ying, Thammannagowda Shivegowda, Staton Margaret, TANG Sha, XIA Xinli, YIN Weilun, LIANG Haiying. An EST dataset for *Metasequoia glyptostroboides* buds: the first EST resource for molecular genomics studies in *Metasequoia*[J]. Planta, 2013(237): 755-770.

[145] YE Chuyu, YANG Xiaohan, XIA Xinli, YIN Weilun. Comparative analysis of cation/proton antiporter superfamily in plants[J]. Gene, 2013(521): 245-251.

[146] PANG Tao, YE Chuyu, XIA Xinli, YIN Weilun. De novo sequencing and transcriptome analysis of the desert shrub, *Ammopiptanthus mongolicus*, during cold acclimation using Illumina/Solexa[J]. BMC Genomics, 2013(14): 488.

[147] YE Chuyu, XIA Xinli, YIN Weilun. Evolutionary analysis of CBL-interacting protein kinase gene family in plants[J]. Plant Growth Regulation, 2013(71): 49-56.

[148] LI Bosheng, DUAN Hui, LI Jigang, DENG Xingwang, YIN Weilun, Xia Xinli. Global identification of miRNAs and targets in *Populus euphratica* under salt stress[J]. Plant Molecular Biology, 2013(81): 525-539.

[149] SHUAI Peng, LIANG Dan, ZHANG Zhoujia, YIN Weilun, XIA Xinli. Identification of drought-responsive and novel *Populus trichocarpa* microRNAs by highthroughput sequencing and their targets using degradome analysis[J]. BMC Genomics, 2013(14): 233.

[150] YAN Donghui, XIA Xinli, YIN Weilun. *NF-YB* family genes identified in a poplar genome-wide analysis and expressed in *Populus euphratica* are responsive to drought stress[J]. Plant Molecular Biology Reporter, 2013(31): 363-370.

[151] HAN Xiao, TANG Sha, AN Yi, ZHENG Dongchao, XIA Xinli, YIN Weilun. Overexpression of the poplar *NF-YB7* transcription factor confers drought tolerance and

improves water-use efficiency in *Arabidopsis*[J]. Journal of Experimental Botany, 2013, 64(14): 4589-4601.

[152] TANG Sha, LIANG Haiying, YAN Donghui, ZHAO Ying, HAN Xiao, Carlson John E., XIA Xinli, YIN Weilun. *Populus euphratica*: the transcriptomic response to drought stress[J]. Plant Molecular Biology, 2013, 83(6): 539-557.

[153] LIU Chao, WANG Xiangping, WU Xian, DAI Shuang, HE Jinsheng, YIN Weilun. Relative effects of phylogeny, biological characters and environments on leaf traits in shrub biomes across central Inner Mongolia, China[J]. Journal of Plant Ecology, 2013, 6(3): 220-231.

[154] ZHANG Hechen, LV Fuling, HAN Xiao, XIA Xinli, YIN Weilun. The calcium sensor PeCBL1, interacting with PeCIPK24/25 and PeCIPK26, regulates Na^+/K^+ homeostasis in *Populus euphratica*[J]. Plant Cell Reports, 2013(32): 611-621.

[155] ZHENG Dongchao, HAN Xiao, AN Yi, GUO Hongwei, XIA Xinli, YIN Weilun. The nitrate transporter NRT2.1 functions in the ethylene response to nitrate deficiency in *Arabidopsis*[J]. Plant, Cell and Environment, 2013(36): 1328-1337.

[156] LI Dandan, XIA Xinli, YIN Weilun, Hechen Zhang. Two poplar calcineurin B-like proteins confer enhanced tolerance to abiotic stresses in transgenic *Arabidopsis thaliana*[J]. Biologia Plantarum, 2013, 57(1): 70-78.

[157] DONG Yan, WANG Congpeng, HAN Xiao, TANG Sha, LIU Sha, Xia Xinli, YIN Weilun. A novel *bHLH* transcription factor *PebHLH35 from Populus euphratica* confers drought tolerance through regulating stomatal development, photosynthesis and growth in Arabidopsis[J]. Biochemical and Biophysical Research Communications, 2014, 450(1): 453-458.

[158] CHEN Jinhuan, TIAN Qianqian, PANG Tao, JIANG Libo, WU Rongling, XIA Xinli, YIN Weilun. Deep-sequencing transcriptome analysis of low temperature perception in a desert tree, *Populus euphratica*[J]. BMC Genomics, 2014(15): 326.

[159] LV Fuling, ZHANG Hechen, XIA Xinli, YIN Weilun. Expression profiling and functional characterization of a CBL-interacting protein kinase gene from *Populus euphratica*[J]. Plant Cell Reports, 2014(33): 807-818.

[160] SHUAI Peng, LIANG Dan, TANG Sha, ZHANG Zhoujia, YE Chuyu, SU Yanyan, XIA Xinli, YIN Weilun. Genome-wide identification and functional prediction of novel and drought-responsive lincRNAs in *Populus trichocarpa*[J]. Journal of Experimental Botany, 2014, 65(17): 4975-4983.

[161] WANG Houling, CHEN Jinhuan, TIAN Qianqian, WANG Shu, XIA Xinli, YIN

Weilun. Identification and validation of reference genes for *Populus euphratica* gene expression analysis during abiotic stresses by quantitative real-time PCR[J]. Physiologia Plantarum, 2014, 152(3): 529-45.

[162] LIANG Dan, ZHANG Zhoujia, WU Honglong, HUANG Chunyu, SHUAI Peng, YE Chuyu, TANG Sha, WANG Yunjie, YANG Ling, WANG Jun, YIN Weilun, XIA Xinli. Single-base-resolution methylomes of *Populus trichocarpa* reveal the association between DNA methylation and drought stress[J]. BMC Genetics, 2014, 15(Suppl 1): S9.

[163] CHEN Jinhuan, YIN Weilun, XIA Xinli. Transcriptome Profiles of *Populus euphratica* upon Heat Shock stress[J]. Current Genomics, 2014, 15(5):326-40.

[164] ZHAO Xiulian, ZHENG Lingyu, XIA Xinli, YIN Weilun, LEI Jingpin, SHI Shengqing, SHI Xiang, LI Huiqing, LI Qinghe, WEI Yuan, CHANG Ermei, JIANG Zeping, LIU Jianfeng. Responses and acclimation of Chinese cork oak (*Quercus variabilis* Bl.) to metal stress: the inducible antimony tolerance in oak trees[J]. Environmental Science & Pollution Research, 2015, 22(15): 1-11.

[165] TANG Sha, DONG Yan, LIANG Dan, ZHANG Zhoujia, YE Chuyu, SHUAI Peng, HAN Xiao, ZHAO Ying, YIN Weilun, XIA Xinli. Analysis of the drought stress-responsive transcriptome of black cottonwood (*Populus trichocarpa*) using deep RNA sequencing[J]. Plant Molecular Biology Reporter, 2015, 33(3): 424-438.

[166] ZHAO Ying, LIANG Haiying, LI Lan, TANG Sha, HAN Xiao, WANG Congpeng, XIA Xinli, YIN Weilun. Digital gene expression analysis of male and female bud transition in *Metasequoia* reveals high activity of MADS-box transcription factors and hormone-mediated sugar pathways[J]. Fronties in Plant Science, 2015(6): 467.

[167] DUAN Hui, LU Xin, LIAN Conglong, AN Yi, XIA Xinli, YIN Weilun. Genome-Wide Analysis of MicroRNA Responses to the Phytohormone Abscisic Acid in *Populus euphratica*[J]. Frontiers in Plant Science, 2016(7): 1184.

[168] SHUAI Peng, SU Yanyan, LIANG Dan, ZHANG Zhoujia, XIA Xinli, YIN Weilun. Identification of phasiRNAs and their drought-responsiveness in *Populus trichocarpa*[J]. FEBS letters, 2016, 590(20): 2211-2214.

[169] WANG Congpeng, LIU Sha, DONG Yan, ZHAO Ying, GENG Anke, XIA Xinli, YIN Weilun. *PdEPF1* regulates water-use efficiency and drought tolerance by modulating stomatal density in poplar[J]. Plant Biotechnology Journal, 2016,14(3): 849-860.

[170] SUN Han, WANG Xiangping, WU Peng, HAN Wei, XU Kai, LIANG Penghong, LIU Chao, YIN Weilun, XIA Xinli. What causes greater deviations from predictions of metabolic scaling theory in earlier successional forests?[J] Forest Ecology and

Management, 2017(405): 101-111.

[171] GUO Huihong, WANG Hui, LIU Qingqian, AN Hailong, LIU Chao, XIA Xinli, YIN Weilun. ^{15}N-labeled ammonium nitrogen uptake and physiological responses of poplar exposed to PM2.5 particles[J]. Environmental Science and Pollution Research, 2017, 24(1): 500-508.

[172] AN Hailong, ZHANG Gang, LIU Chao, GUO Huihong, YIN Weilun, XIA Xinli. Characterization of PM2.5-bound polycyclic aromatic hydrocarbons and its deposition in *Populus tomentosa* leaves in Beijing[J]. Environmental Science and Pollution Research, 2017, 24(9): 8504-8515.

[173] SUN Han, WANG Xiangping, FAN Yanwen, LIU Chao, WU Peng, LI Qiaoyan, YIN Weilun. Effects of biophysical constraints, climate and phylogeny on forest shrub allometries along an altitudinal gradient in Northeast China[J]. Scientific Reports, 2017(7): 43769.

[174] TIAN Qianqian, CHEN Jinhuan, WANG Dan, WANG HouLing, LIU Chao, WANG Shu, XIA Xinli, YIN Weilun. Overexpression of a *Populus euphratica CBF4* gene in poplar confers tolerance to multiple stresses[J]. Plant Cell, Tissue and Organ Culture (PCTOC), 2017, 128(2): 391-407.

[175] LU Xin, DUN Hui, LIAN Conglong, ZHANG Xiaofei, YIN Weilun, XIA Xinli. The role of peu-miR164 and its target *PeNAC* genes in response to abiotic stress in *Populus euphratica*[J]. Plant Physiology and Biochemistry, 2017(115): 418-438.

[176] HE Fang, WANG Houling, LI Huiguang, SU Yanyan, LI Shuang, YANG Yanli, FENG Conghua, YIN Weilun, XIA Xinli. PeCHYR1, a ubiquitin E3 ligase from *Populus euphratica*, enhances drought tolerance via ABA-induced stomatal closure by ROS production in *Populus*[J]. Plant Biotechnology Journal, 2018, 16(8): 1514-1528.

[177] YANG Qi, WANG Hui, WANG Junxiu, LU Mengmeng, LIU Chao, XIA Xinli, YIN Weilun, GUO Huihong. PM2.5-bound SO_4^{2-}, absorption and assimilation of poplar and its physiological responses to PM2.5, pollution[J]. Environmental & Experimental Botany, 2018(153): 311-319.

[178] SU Yanyan, LI Huiguang, WANG Yonglin, Li Shuang, WANG Houling, YU Lu, HE Fang, YANG Yanli, FENG Conghua, SHUAI Peng, LIU Chao, YIN Weilun, XIA Xinli. Poplar miR472a targeting NBS-LRRs is involved in effective defense against the necrotrophic fungus *Cytospora chrysosperma*[J]. Journal of Experimental Botany, 2018, 69(22): 5519-5530.

[179] LIAN Conglong, LI Qing, YAO Kun, ZHANG Ying, MENG Sen, YIN Weilun, XIA

Xinli. *Populus trichocarpa PtNF-YA9*, a multifunctional transcription factor, regulates seed germination, abiotic stress, plant growth and development in *Arabidopsis*[J]. Frontiers in Plant Science, 2018(9): 954.

[180] MENG Sen, CAO Yang, LI Huiguang, BIAN Zhan, WANG Dongli, LIAN Conglong, YIN Weilun, XIA Xinli. *PeSHN1* regulates water-use efficiency and drought tolerance by modulating wax biosynthesis in poplar[J]. Tree Physiology, 2019, 39(8): 1371-1386.

[181] HE Fang, LI Huiguang, WANG Jingjing, SU Yanyan, WANG Houling, FENG Conghua, YANG Yanli, NIU Mengxue, LIU Chao, YIN Weilun, XIA Xinli. *PeSTZ1*, a C2H2-type zinc finger transcription factor from *Populus euphratica*, enhances freezing tolerance through modulation of ROS scavenging by directly regulating *PeAPX2*[J]. Plant Biotechnology Journal, 2019, 17(11): 2169-2183.

[182] MENG Sen, CAO Yang, LI Huiguang, BIAN Zhan, WANG Dongli, LIAN Conglong, YIN Weilun, XIA Xinli. *PeSHN1* regulates water-use efficiency and drought tolerance by modulating wax biosynthesis in poplar[J]. Tree Physiology, 2019, 39(8): 1371-1386.

[183] ZHOU Yangyan, ZHANG Yue, WANG Xuewen, HAN Xiao, AN Yi, LIN Shiwei, CHAO Shen, WEN Jialong, LIU Chao, YIN Weilun, XIA Xinli. Root-specific NF-Y family transcription factor, *PdNF-YB21*, positively regulates root growth and drought resistance by abscisic acid-mediated indoylacetic acid transport in *Populus*[J]. New Phytologist, 2020, 227(2): 407-426.

[184] AN Yi, ZHOU Yangyan, HAN Xiao, SHEN Chao, WANG Shu, LIU Chao, YIN Weilun, XIA Xinli. The GATA transcription factor *GNC* plays an important role in photosynthesis and growth in poplar[J]. Journal of Experimental Botany, 2020, 71(6): 1969-1984.

[185] YANG Yanli, LI Huiguang, WANG Jie, WANG Houling, HE Fang, SU Yanyan, ZHANG Ying, FENG Conghua, NIU Mengxue , LI Zhonghai , LIU Chao, YIN Weilun, XIA Xinli. *PeABF3* Enhances Drought Tolerance via Promoting ABA-induced Stomatal Closure by directly Regulating *PeADF5* in Poplar[J]. Journal of Experimental Botany, 2020, 71(22): 7270-7285.

[186] ZHANG Yue, ZHOU Yangyan, ZHANG Dun, TANG Xianli, LI Zheng, SHEN Chao, HAN Xiao, DENG Wenhong, YIN Weilun, XIA Xinli. *PtrWRKY75* overexpression reduces stomatal aperture and improves drought tolerance by salicylic acid-induced reactive oxygen species accumulation in poplar[J]. Environmental and Experimental

Botany, 2020(176): 104117.

[187] HAN Xiao, AN Yi, ZHOU Yangyan, LIU Chao, YIN Weilun, XIA Xinli. Comparative transcriptome analyses define genes and gene modules differing between two Populus genotypes with contrasting stem growth rates[J]. Biotechnology for Biofuels, 2020(13): 139.

[188] WANG Houling, ZHANG Yi, WANG Ting, YANG Qi, YANG Yanli, LI Ze, LI Bosheng, WEN Xing, LI Wenyang, YIN Weilun, XIA Xinli, GUO Hongwei, LI Zhonghai. An Alternative Splicing Variant of PtRD26 Delays Leaf Senescence by Regulating Multiple NAC Transcription Factors in Populus[J]. The Plant Cell, 2021, 33(5): 1594-1614.

[189] ZHANG Yi, GAO Yuhan, WANG Houling, KAN Chengcheng, LI Ze, YANG Xiufen, YIN Weilun, XIA Xinli, Nam Hong Gil, LI Zhonghai, GUO Hongwei. *Verticillium dahliae* secretory effector PevD1 induces leaf senescence by promoting ORE1-mediated ethylene biosynthesis[J]. Molecular plant, 2021, 14(11): 1901-1917.

[190] SU Wanlong, BAO Yu, LU Yingying, HE Fang, WANG Shu, WANG Dongli, YU Xiaoqian, YIN Weilun, XIA Xinli, LIU Chao. Poplar Autophagy Receptor NBR1 Enhances Salt Stress Tolerance by Regulating Selective Autophagy and Antioxidant System[J]. Frontiers in plant science, 2021(11): 568411.

[191] SHEN Chao, ZHANG Yue, LI Qing, LIU Shujing, HE Fang, AN Yi, ZHOU Yangyan, LIU Chao, YIN Weilun, XIA Xinli. *PdGNC* confers drought tolerance by mediating stomatal closure resulting from NO and H_2O_2 production via the direct regulation of *PdHXK1* expression in Populus[J]. New Phytologist, 2021, 230(5): 1868-1882.

[192] ZHANG Yue, CHAO Shen, ZHOU Yangyan, LIU Chao, YIN Weilun, XIA Xinli. Tuning drought resistance by using a root-specific expression transcription factor *PdNF-YB21* in *Arabidopsis thaliana*[J]. Plant Cell, Tissue and Organ Culture, 2021(145): 379-391.

[193] JIAO Zhiyin, HAN Shuo, YU Xiao, HUANG Mengbo, LIAN Conglong, LIU Chao, YIN Weilun, XIA Xinli. 5-Aminolevulinic Acid Pretreatment Mitigates Drought and Salt Stresses in Poplar Plants[J]. Forests, 2021, 12(8), 1112.

[194] JIAO Zhiyin, LIAN Conglong, HAN Shuo, HUANG Mengbo, SHEN Chao, LI Qing, NIU Mengxue, YU Xiao, YIN Weilun, XIA Xinli. PtmiR169o plays a positive role in regulating drought tolerance and growth by targeting the *PtNF-YA6* gene in poplar[J]. Environmental and Experimental Botany, 2021, 189(2): 104549.

[195] ZHANG Yue, LIN Shiwei, ZHOU Yangyan, WEN Jialong, KANG Xihui, HAN Xiao, LIU Chao, YIN Weilun, XIA Xinli. *PdNF-YB21* positively regulated root lignin

structure in poplar[J]. Industrial Crops and Products, 2021(168): 113609.

[196] WANG Houling, YANG Qi, TAN Shuya, WANG Ting, ZHANG Yi, YANG Yanli, YIN Weilun, XIA Xinli, GUO Hongwei, LI Zhonghai. Regulation of cytokinin biosynthesis using PtRD26$_{pro}$-IPT module improves drought tolerance through PtARR10-PtYUC4/5-mediated reactive oxygen species removal in Populus[J]. Journal of Integrative Plant Biology. 2022, 64(3): 771-786.

（三）教育教学及战略研究论文

[1] 尹伟伦. 植物生理课的教与学[J]. 中国林业教育, 1988(S1): 50-53.

[2] 郑彩霞, 尹伟伦. 21世纪林业科学技术发展对林科类本科人才素质的基本要求[J]. 中国林业教育,1997(5):10-11.

[3] 庞薇, 尹伟伦. 林业高校本科专业划分不宜过窄[J]. 中国林业教育, 1997 (6): 5-7.

[4] 贺庆棠, 尹伟伦, 庞薇. 林学专业本科人才素质培养与课程体系建设[J]. 北京林业大学学报, 1998(S): 27-30.

[5] 尹伟伦. 森林资源类本科人才培养方案及教学内容和课程体系改革研究与实践[J]. 中国高等教育, 1998(1): 28.

[6] 尹伟伦, 孟宪宇. 转变思想 更新观念 培养复合型人才[J]. 中国林业教育, 1999(5): 31-32.

[7] 尹伟伦. 努力实践"三个代表" 推动学校的建设与发展[J]. 中国林业教育, 2002(S1): 10-11.

[8] 尹伟伦. "211工程"高校农林重点学科评估指标体系的研究[J]. 中国高等教育评估, 2003(1): 49-51,13.

[9] 尹伟伦. 办好绿色学府, 再铸北林辉煌: 纪念李相符同志诞辰100周年[J]. 中国林业教育, 2005(S1): 5-6.

[10] 尹伟伦. 贯彻科学发展观,使我校办学从数量增长向质量提高转变[J]. 北京林业大学学报(社会科学版), 2005(S1): 4-7.

[11] 尹伟伦. 建立原行业部属高校与行业主管部门联系新机制[J].中国高校科技与产业化, 2005(5): 51-52.

[12] 尹伟伦, 翟明普.建立灌木能源林概念并构筑林业可再生能源新产业链[J]. 生物质化学工程, 2006(S1): 91-95.

[13] 尹伟伦, 翟明普.生物质能源与能源林业若干问题研究[J].生物质化学工程, 2006(S1):7-8.

[14] 尹伟伦. 中国林业发展战略调整与绿色GDP[J]. 风景园林, 2006(1):9-11.

[15] 尹伟伦. 发挥学科优势、创办特色鲜明的生物科学与技术学院(代序)[J]. 北京林业大

学学报, 2007(5): 178.

[16] 尹伟伦. 林业应对气候变暖专家如是说[N]. 中国绿色时报, 2007-03-06(003).

[17] 尹伟伦. 提高生态产品供给能力[J]. 瞭望, 2007(11): 104.

[18] 尹伟伦. 为青藏高原地区植被保护恢复建言献策[N]. 中国绿色时报, 2007-06-29(003).

[19] 尹伟伦. 按照党的十七大精神推动学校科学发展的思考[J]. 中国林业教育, 2008, 26(S1): 4-6.

[20] 尹伟伦. 从青山绿水走向生态文明[N]. 珠海特区报, 2008-06-22(012).

[21] 尹伟伦. 发展生物质能源要与生态建设相结合[N]. 人民政协报, 2008-09-11(003).

[22] 尹伟伦. 生物质能源: 双重危机下的新能源战略[N]. 湖北日报, 2008-09-04(009).

[23] 尹伟伦. 要高度重视我国南方森林的灾后恢复重建工作[J]. 林业科学, 2008, 44(3): 1-2.

[24] 尹伟伦. 倾听院士声音: 推进三北工程建设 构筑北方生态屏障[N]. 中国绿色时报, 2009-12-29(003).

[25] 尹伟伦. 人类共同的使命: 应对全球气候变化, 加强荒漠化防治[J]. 大自然, 2009(3): 1.

[26] 尹伟伦. 生态文明与可持续发展[J]. 科技导报, 2009 (007).

[27] 尹伟伦. 我国的生态矛盾[N]. 北京科技报, 2009-05-18(008).

[28] 尹伟伦. 我国森林资源清查实现多功能多效益监测新跨越[N]. 中国绿色时报, 2009-11-18(002).

[29] 尹伟伦. 我国重点行业性大学的使命与学科发展: 北京林业大学的学科建设思路和实践[J]. 北京林业大学学报(社会科学版), 2009, 8(增刊2): 7-10.

[30] 尹伟伦. 我国重点行业性大学的学科发展探讨[J]. 北京教育(高教版), 2009(2): 31-33.

[31] 尹伟伦. 尹伟伦:双重危机下发展生物质能源是必由之路[J]. 中国三峡, 2009(11): 55-57.

[32] 尹伟伦. 关于创新素质的养成和大学生成才[J]. 北京教育(德育), 2010(1): 18-19.

[33] 尹伟伦. 拥抱绿色GDP时代: 思考生态文明与可持续发展[J]. 科技潮, 2010(4): 34-36.

[34] 尹伟伦. 建立完善管理体系应对频发自然灾害[N]. 中国绿色时报, 2011-03-11.

[35] 翟明普, 尹伟伦. 我国林学学科发展概览[N]. 西南林业大学学报, 2011, 31(1): 1-4.

[36] 尹伟伦. 加大反哺农业力度,实现增产增收[N]. 黑龙江日报, 2012-05-28(012).

[37] 尹伟伦. 生态文明与广西林业可持续发展[J]. 广西林业科学, 2012, 41(3): 203-206.

[38] 尹伟伦. 拓宽林业产业链促进森林多功能效益发挥[N]. 中国绿色时报, 2012-12-17(004).

[39] 程堂仁, 徐迎寿, 尹伟伦. 林业拔尖创新型人才培养模式的研究与实践[J]. 黑龙江高教研究, 2013, 288(4): 133-135.

[40] 尹伟伦. 石漠化:轻度和中度生态恢复需60年[N]. 经济信息时报, 2013-05-29.

[41] 尹伟伦. 严格行业标准因应经济常态[J]. 中国林业产业, 2014(12): 25-26.

[42] 尹伟伦. 立足新起点, 助圆"中国梦"[J]. 风景园林, 2015(4): 23.

[43] 尹伟伦. 全球森林与环境关系研究进展[J].森林与环境学报, 2015,35(1): 1-7.

[44] 尹伟伦. 产学研合作引领生态修复产业创新发展[J]. 中国科技产业, 2016(1): 76.

[45] 尹伟伦. 生态文明与标准化[N]. 中国国门时报, 2016-07-21(001).

[46] 尹伟伦, 陆琦. 过劳土壤亟待减肥提质[N]. 中国科学报, 2017-08-01(001).

[47] 尹伟伦, 翟明普, 彭道黎, 等. 北京平原造林成效显著质量提升任重道远[J].国土绿化, 2018(10): 14-17.

[48] 尹伟伦, 李兴军. 农业文化遗产研究与转化的成功之作: 评《中华农圣贾思勰与〈齐民要术〉研究丛书》[J]. 中国农史, 2018, 37(2): 139-141, 138.

[49] 张玮哲, 彭祚登, 翟明普, 尹伟伦. 我国农业农村生态文明标准体系构建的探讨[J]. 北京林业大学学报(社会科学版), 2020, 19(3): 55-66.

[50] 吴国雄, 郑度, 尹伟伦, 等. 专家笔谈: 多学科融合视角下的自然资源要素综合观测体系构建[J]. 资源科学, 2020,42(10): 1839-1848.

[51] 王渝淞, 余新晓, 贾国栋, 尹伟伦, 翟明普, 王鑫, 郑鹏飞. 北京大都市生态林业发展评述[J].世界林业研究, 2021, 34(6): 6-13.

[52] 干勇, 尹伟伦, 等. 支撑高质量发展的标准体系战略研究[J]. 中国工程科学, 2021, 23(3): 1-7.

附录三　尹伟伦主要奖项

（一）科学技术奖

序号	获奖时间	奖项名称	奖励类别	获奖证书号	排名
1	1995 年	植物活力测定仪	国家发明奖三等奖	14-3-002-01	唯一完成人
2	1995 年	杨树丰产栽培生理研究	国家科学技术进步奖三等奖	14-3-008-05	第 5 完成人
3	2002 年	三北地区防护林植物材料抗逆性选育及栽培技术研究	国家科学技术进步奖二等奖	2002-J-202-2-03-R01	第 1 完成人
4	2002 年	防护林杨树天牛灾害持续控制技术研究	国家科学技术进步奖二等奖	2002-J-202-2-05-D02	
5	2003 年	主要针叶树种种子园人工促进开花结实机理、技术与应用	国家科学技术进步奖二等奖	2003-J-202-2-01-R01	第 1 完成人
6	2008 年	名优花卉矮化分子、生理、细胞学调控机制与微型化生产技术	国家科学技术进步奖二等奖	2008-J-202-2-03-R01	第 1 完成人
7	1992 年	杨树丰产栽培的生理基础研究	林业部科学技术进步一等奖	林科奖证字（92）第 1-2-7 号	第 7 完成人
8	1994 年	太行山石质山地造林技术的研究	林业部科学技术进步一等奖	林科奖证字（94）第 1-211-10 号	第 10 完成人
9	1994 年	评价苗木质量的生理指标研究及植物活力测定仪的研制	林业部科学技术进步二等奖	林科奖证字（94）第 2-115-1 号	第 1 完成人
10	1990 年	影响大兴安岭地区兴安落叶松人工林生长的立地因子研究	林业部科学技术进步三等奖	林科奖证字（90）第 3-25-3 号	第 3 完成人
11	1995 年	大兴安岭北部地区火烧迹地人工更新研究	林业部科学技术进步三等奖	林科奖证字（95）第 3-18-3 号	第 3 完成人
12	2010 年	木本粮油新品种选育和高效栽培技术研究与示范	教育部科学技术进步奖二等奖	2010-217	第 1 完成人
13	2014 年	沙棘等灌木林衰退机理、抗逆育种及虫防治的理论与技术	教育部科学技术进步奖二等奖	2014-222	第 1 完成人

序号	获奖时间	奖项名称	奖励类别	获奖证书号	排名
14	2002 年	林木抗旱机理及三北地区抗逆良种园建立的研究	第四届中国林学会梁希林业科学技术奖一等奖	4-01-01	第 1 完成人
15	2017 年	灌木林虫灾发生机制与生态调控技术	第八届中国林学会梁希林业科学技术奖一等奖	2017-KJ-1-01-R02	第 2 完成人
16	2017 年	调控林木抗旱性的多种分子机制研究与抗逆良种选育技术的建立	第八届中国林学会梁希林业科学技术奖二等奖	2017-KJ-2-41 R02	第 2 完成人
17	2018 年	板栗产业链环境友好丰产关键技术与示范	第九届中国林学会梁希林业科学技术奖二等奖	2018-KJ-2-27-R02	第 2 完成人
18	2019 年	'凤丹'资源保存绿化油用关键技术及应用	第十届中国林学会梁希林业科学技术奖二等奖	2019-KJJ-2-44-R02	第 2 完成人
19	1990 年	北京山地华山松、樟子松、白皮松引种造林试验研究	北京市科学技术进步奖三等奖	—	第 3 完成人
20	2010 年	经济林抗旱栽培关键技术研究与应用	北京市科学技术进步奖三等奖	—	第 2 完成人
21	2001 年	三北地区防护林植物材料抗逆性选育及栽培技术研究	北京市科学技术进步奖二等奖	2001 农 -2-011-01	第 1 完成人
22	2003 年	树木木材形成与材性改良及抗旱耐盐性提高机理与基因工程分子基础	北京市科学技术进步奖二等奖	2003 农 -2-012-02	第 2 完成人
23	2005 年	名优花卉矮化分子调控机制与微型化生产技术研究	北京市科学技术进步奖二等奖	—	第 2 完成人
24	2000 年	水杉花芽分化机理及人工促进水杉开花结实技术研究	北京市科学技术进步奖三等奖	2000 农 -3-017-01	第 1 完成人
25	2016 年	抗旱优质树种精准选育分子机制和应用技术研究	北京市科学技术进步奖三等奖	2016 农 -3-004-02	第 2 完成人
26	1999 年	兴安落叶松成花诱导理论及人工促进兴安落叶松种子园开花结实技术的研究	内蒙古自治区科学技术进步奖三等奖	99-3-2-473	

（二）教学成果奖

序号	获奖时间	奖项名称	奖励类别	颁奖部门	证书号	获奖排名
1	1989 年	在传授知识的同时，注重学生智能的培养和学校方法的引导，提高教学质量：谈植物生理课的教学改革	北京市高等教育局优秀教学成果奖一等奖	北京市高等教育局	—	第 1 完成人
2	1997 年	植物生理、生物化学系列配套课程体系建设	北京市普通高等学校教学成果二等奖	北京市人民政府	—	第 4 完成人
3	2001 年	高等农林院校本科生物系列课程教学内容和课程体系改革的研究与实践	湖北省高等学校省级教学成果一等奖	湖北省人民政府	2001186	第 3 完成人
4	2004 年	森林资源类本科人才培养模式改革的研究与实践	北京林业大学 2004 年教学成果奖特等奖	北京林业大学	—	第 1 完成人
5	2005 年	森林资源类本科人才培养模式改革的研究与实践	国家级教学成果奖一等奖	教育部	2005018	第 1 完成人
6	2005 年	林学专业本科课程体系及人才培养模式改革的研究与实践	北京市教育教学成果奖（高等教育）一等奖	北京市人民政府	—	第 1 完成人
7	2008 年	林业拔尖创新型人才培养模式的研究与实践	北京市教育教学成果奖（高等教育）一等奖	北京市人民政府	—	第 1 完成人
8	2009 年	林业拔尖创新型人才培养模式的研究与实践	国家级教学成果奖二等奖	教育部	2009103	第 1 完成人

（三）个人荣誉

序号	获奖时间	荣誉名称	颁发部门
1	1993 年	政府特殊津贴	国务院
2	1994 年	中青年有突出贡献专家	国务院人事部
3	1995 年	有突出贡献的中青年专家	林业部
4	1995 年	全国优秀教师	国家教育委员会、人事部
5	1995 年	北京市 1995 年度优秀教育工作者	北京市人事局、文教办公室等
6	1996 年	宝钢教育奖 – 优秀教师特等奖	宝钢教育基金会
7	1998 年	全国教育系统劳动模范、全国模范教师	教育部、人事部
8	2000 年	第八届北京市人民政府专家顾问团顾问	北京市人民政府
9	2003 年	教育创新标兵	北京市总工会
10	2004 年	国家中长期科学和技术发展规划（2006—2020）战略研究工作重要贡献	国家中长期科学技术发展规划领导小组办公室
11	2005 年	全国优秀科技工作者	中国科学技术协会
12	2006 年	全国优秀林业科技工作者	国家林业局
13	2006 年	首都劳动奖章	北京市总工会
14	2010 年	绿色中国年度人物特别贡献奖	生态环境部
15	2017 年	北京市人民教师奖	北京市人民政府
16	2021 年	2021 年度中国老科学技术工作者协会奖	中国老科学技术工作者协会
17	2022 年	2022 中国农林类大学贡献能力最强学者	全国第三方大学评价研究机构艾瑞深校友会网（Cuaa. Net）

附录四 尹伟伦主要科研课题

序号	课题名称	课题编号	起止时间	经费/万元	课题类型
1	三北地区防护林植物材料抗逆性选育及栽培技术研究	96-007-01-05	1996—2000 年	70	"九五" 国家攻关项目专题
2	逆境生态林木种质优选与示范	2011BAD38B01	2011—2013 年	511	"十二五" 国家科技支撑计划项目课题
3	生态林抗逆植物材料筛选与快繁技术研究	2006BAD03A01	2006—2010 年	700	"十一五" 国家科技支撑计划项目课题
4	转 DREB 基因高抗盐耐盐防沙植物新品种的选育及林草生物技术育种	2001AA212151	2001—2003 年	45	国家高技术研究发展计划 (863 计划) 课题
5	抗旱节水林草新品种筛选与利用	2002AA2Z4011	2003—2005 年	80	国家高技术研究发展计划 (863 计划) 课题
6	杨树速生与细胞周期调控的分子机理	2009CB119100	2009—2013 年	55	国家重点基础研究发展计划 (973 计划) 子课题
7	天然逆境植物抗逆相关分子标记研究	98-11-20	1999—2001 年	50	科学技术研究课题
8	树木抗旱性定量评价研究		1994—1997 年	30	林业部重点项目
9	刺槐、沙棘等林木抗旱育种技术及其区域化试验	2005-01	2005—2007 年	40	国家林业局林业科学技术研究项目课题
10	防沙治沙植物材料选育及栽培技术示范	2006-77	2006—2009 年	30	国家林业局科技成果推广计划项目
11	《中华大典·林业典》编纂	1105-LYSJWT-010	2006—2010 年	120	国家林业局业务委托项目课题
12	赤霉素促进乡土树种树开花的机理	38870650	1989—1991 年	3	国家自然科学基金项目面上项目
13	苗木生命力生理指标的研究	39070695	1991—1993 年	3	国家自然科学基金项目面上项目
14	调控胡杨抗旱耐盐性的 DREB 基因克隆与转化	30271096	2003—2005 年	21	国家自然科学基金项目面上项目

序号	课题名称	课题编号	起止时间	经费/万元	课题类型
15	沙冬青强抗逆性的获得与 DNA 甲基化关系的研究	30371143	2004—2006 年	20	国家自然科学基金项目面上项目
16	木本植物耐旱性相关的基因克隆及基因异位表达研究	30511140110	2005—2005 年	3	国家自然科学基金项目国际（地区）合作与交流项目
17	木本植物抗旱相关基因克隆及基因异位表达分析	30611140315	2006—2006 年	2	国家自然科学基金项目国际（地区）合作与交流项目
18	北京林业大学生物学基地	J0630641	2007—2009 年	120	国家自然科学基金项目国家基础科学人才培养基金
19	调控杨树耐旱节水性状的功能基因组学研究	30730077	2008—2011 年	150	国家自然科学基金项目重点项目
20	林学学科发展战略研究	30949018	2010—2010 年	2	国家自然科学基金项目专项基金项目
21	胡杨非生物逆境胁迫响应中 ABA 信号途径相关的 *PYL* 基因功能分析	31070597	2011—2013 年	30	国家自然科学基金项目面上项目
22	水杉花芽调控分子机制的研究	31570308	2016—2019 年	77.2	国家自然科学基金项目面上项目
23	林（草）耐旱基础生物学研究	104342	2004—2006 年	10	教育部科学技术研究项目、重大项目课题
24	杨树抗逆机理研究	—	2013—2014 年	20	北京市支持中央在京高校共建项目（北京市优博资助）
25	林业生物质能源发展战略研究	—	2006—2007 年	—	中国工程院咨询研究项目
26	南方林业冰雪灾害损失调查及恢复重建对策研究	1105-QTKT-009	2008—2009 年	30	中国工程院咨询研究项目
27	四川地震灾区农业生态恢复重建	1105-QTKT-008	2008—2009 年	15	中国工程院咨询研究项目
28	基于湖泊承载力的流域经济协调发展模式研究	1105-QTKT-013	2009—2010 年	40	中国工程院咨询研究项目
29	中国工程科技中长期发展战略研究	1105-QTKT-012	2009—2010 年	10	中国工程院咨询研究项目

序号	课题名称	课题编号	起止时间	经费/万元	课题类型
30	林业科技中长期发展战略研究	1105-QTKT-016	2010—2010 年	15	中国工程院咨询研究项目
31	海西经济区林业生态建设与可持续发展研究	—	2011—2012 年	40	中国工程院咨询研究项目
32	林业文化遗产保护与发展战略研究	NY2-2	2013—2014 年	20	中国工程院咨询研究项目
33	森林植被对 PM2.5 污染的影响及控制策略	2013-QTSHKJJH-01	2013—2014 年	40	中国工程院咨询研究项目
34	木本粮油安全可持续发展战略研究	2014-07-XY-001	2014—2014 年	60	中国工程院咨询研究项目
35	新疆天山北坡经济带荒漠化防治与现代农林业战略路研究	2014-ZD-04-05	2014—2016 年	80	中国工程院咨询研究项目
36	食用农产品土壤环境保护对策路研究	2014-06-XZ-001-02	2014—2016 年	80	中国工程院咨询研究项目
37	京津冀地区农林一体发展战路	2014-ZD-12-03-02	2014—2016 年	60	中国工程院咨询研究项目
38	秦巴山脉绿色林业发展战略研究（二期）	2017-ZD-02-03-03	2017—2018 年	20	中国工程院咨询研究项目
39	乡村振兴标准化体系战略路研究（标准化战略研究一期）	CEG-2018	2018—2020 年	60	中国工程院咨询研究项目
40	北京大都市生态林业发展战略研究	2019-XZ-27-02	2019—2020 年	35	中国工程院咨询研究项目
41	宁夏枸杞产业现代化高质量发展趋势及政策研究	2019NXSZ3-1	2019—2021 年	50	中国工程院咨询研究项目
42	农业农村标准化体系战略实施路径研究（标准化战略研究二期）	2019-ZD-13-03-1	2019—2020 年	15	中国工程院咨询研究项目
43	双循环发展格局下产业高质量发展标准体系综合研究（农业农村部分）（标准化战略研究三期）	—	2021—2021 年	—	中国工程院咨询研究项目
44	广东重要林业新种质创制路研究	2022-GD-08-02	2022—2023 年	36	中国工程院咨询研究项目

亲爱的尹院士：

亲爱的读者：

　　本书在编写过程中搜集和整理了大量的图文资料，但难免仓促和疏漏，如果您手中有院士的图片、视频、信件、证书，或者想补充的资料，抑或是想对院士说的话，请扫描二维码进入留言板上传资料，我们会对您提供的宝贵资料予以审核和整理，以便对本书进行修订。不胜感谢！

留言板

来信请寄：北京市西城区刘海胡同7号中国林业出版社316室　　100009